カヤネズミの本
カヤネズミ博士のフィールドワーク報告

畠 佐代子
Sayoko Hata

世界思想社

はじめに——この本を手にとって下さったあなたへ

　カヤネズミは草むらにすむ，オレンジ色の小さなネズミです。ネズミというと，「怖い，汚い」といった悪いイメージを持たれがちですが，カヤネズミは草の葉を編んだ巣で子育てをし，エノコログサやバッタを食べてくらす，おとなしい生き物です。昔は川原や田んぼなどで普通に姿が見られましたが，河川の改修工事や開発などの影響で生息地の草むらがどんどん失われ，絶滅の危機に直面しています。筆者がカヤネズミのくらしを調べている琵琶湖・淀川水系は，日本でも有数のカヤネズミの生息地ですが，そんな環境でさえ，彼らに出会うことが，だんだんと難しくなってきています。その存在が知られないまま，すみかを追われ，ひっそりと姿を消してしまうカヤネズミたちが日本各地にいます。そんな場所を1ヶ所でも減らすため，多くの人に彼らの存在を知って欲しいという思いから，本書を執筆しました。

　本書は，筆者自身の16年間のフィールドワークで出会ったカヤネズミたちのくらしや，各地の調査で見聞きした出来事を，写真とともにつづったものです。カヤネズミの生態や行動のエピソードは，科学的な調査データに基づいていますが，読み物としても楽しめるように，専門用語はできるだけ使わないようにしました。

　カヤネズミの愛らしさや興味深い生態，カヤネズミと人との意外な関わり，そして人間活動の影響で生息を脅（おびや）かされる厳しい現状について，全4章にまとめています。どの章から読んでも大丈夫ですが，第1章はカヤネズミの基本的なデータを収録しましたので，最初に読むと，より理解が深められると思います。

　それでは，カヤネズミのすむ草むらの中に，一歩踏み込む気持ちで，ページをめくって下さい。

i

もくじ

はじめに――この本を手にとって下さったあなたへ　i

第1章　カヤネズミって知ってる？ …………………………3
　　基本データ　7
　　カヤネズミのひみつ　9
　　草を編んだ巣で子育て　12
　　　　巣の構造　13
　　　　巣の出入り口　15
　　　　巣作りに使う植物　16
　　　　鳥の巣との違い　20

第2章　フィールドワークから見るカヤネズミのくらし ………21
　　出巣　22
　　採餌　23
　　グルーミング　26
　　「通い婚」ならぬ「通い子育て」　28
　　引っ越し　30
　　好奇心いっぱいの子カヤたち　32
　　「フリーズ」と「ジャンピング・オフ」　33

警戒距離　35
　　招かれざる客　36
　　カヤネズミの鳴き声　39
　　台風一過，球巣の建設ラッシュ　42
　　洪水とカヤネズミ　45
　　カヤネズミの毛色　48

第3章　カヤネズミと人のくらしとの関わり……………53
　　茅場とカヤネズミ　54
　　　早春の火入れ　55
　　　新緑のカヤ原　58
　　　夏のツル草取り　58
　　　冬のカヤ刈り　61
　　稲作とカヤネズミ　64
　　　水田と休耕田の利用スケジュール　65
　　　「はざかけ」のイネに作られた巣　68
　　　作物への害　69
　　　「球巣お供え」の風習　70

第4章　カヤネズミを取り巻く現状と保護活動……………71
　　追われるカヤネズミ　72
　　　カヤネズミの保護活動　76
　　　私の保護活動の原点　77

緑の 屍(しかばね)　80

ないないづくしの中で生まれた「全国カヤマップ」　82

個人から市民ネットワークへ　87
　──「全国カヤネズミ・ネットワーク」の設立

カヤネズミを飼うということ　91

草刈りとカヤネズミのくらしを両立させるには　93

あとがき　97
主要参考文献　100
写真・図表一覧　102

カヤネズミの本
―― カヤネズミ博士のフィールドワーク報告 ――

第 1 章

カヤネズミって知ってる？

オギの葉に乗るカヤネズミ（東京都あきる野市　2012年　辻淑子氏撮影）

はじめまして！

　わたしの名前は「カヤネズミ」。学名は「*Micromys minutus*」（ミクロミス・ミヌツス），ラテン語で「小さいネズミ」という意味です。どのくらい小さいかって？　体の大きさは，人間の大人の親指くらい（約6 cm），体重は500円硬貨1枚分（7〜8 g）です。日本には9属17種のネズミの仲間がすんでいますが，その中で1番小さいネズミがわたしです。
　好きな食べ物は，エノコログサやイヌビエのような小さな草のタネ。バッタやイナゴも大好き！　季節によっては，ノイチゴなどの汁気(しるけ)のある果実も，食事メニューに加わります。
　わたしがすんでいる草むらには，イネ科の草の仲間がたくさん生えています。わたしがつかまっているのは，「オギ」という，ススキに似た，背の高いイネ科の草の葉です（3頁写真）。オギやススキ，それからヨシといった，夏には大人の背丈を超えるような大型のイネ科の草は，まとめて「カヤ」と呼ばれます。人間がくらす茅(かや)葺(ぶ)き屋根の「茅」は，このカヤのことです。河川敷(かせんじき)や米作りを休んでいる田んぼ（休耕田(きゅうこうでん)），山焼きされる場所など，カヤがたくさん生える草地（カヤ原）でくらすネズミだから，カヤネズミです。

　どうぞよろしく！

(上)オギ。成長すると2mを超える,大型のイネ科植物。秋になると,キツネの尾のようなふわっとした白い穂をつける。河川敷や休耕田のような,やや湿った環境に生える。
(下)木津川の河川敷に広がるカヤ原。白く点々と見えるのがオギの穂。手前の茶色っぽい穂をつけた植物はヨシ。河川敷は,カヤネズミの代表的な生息環境だ(京都府八幡市 2004年)。

表 1-1. 日本に生息するネズミ科の種の一覧

ネズミ科	*Muridae*
ヤチネズミ属	*Clethrionomys*
エゾヤチネズミ	*Clethrionomys rufocanus bedfordiae*
ムクゲネズミ	*Clethrionomys rex*
ミカドネズミ	*Clethrionomys rutilus mikado*
ビロードネズミ属	*Eothenomys*
ヤチネズミ	*Eothenomys andersoni*
スミスネズミ	*Eothenomys sumithii*
ハタネズミ属	*Microtus*
ハタネズミ	*Microtus montebelli*
カヤネズミ属	*Micromys*
カヤネズミ	*Micromys minutus*
アカネズミ属	*Apodemus*
セスジネズミ	*Apodemus agrarius*
ヒメネズミ	*Apodemus argenteus*
カラフトアカネズミ	*Apodemus peninsulae giliacus*
アカネズミ	*Apodemus speciosus*
トゲネズミ属	*Tokudaia*
トゲネズミ	*Tokudaia osimensis*
クマネズミ属	*Rattus*
ドブネズミ	*Rattus norvegicus*
クマネズミ	*Rattus rattus*
ケナガネズミ属	*Diplothrix*
ケナガネズミ	*Diplothrix legata*
ハツカネズミ属	*Mus*
ハツカネズミ	*Mus musculus*
オキナワハツカネズミ	*Mus caroli*

種の分類は『日本動物大百科』（平凡社 1996 年）に従った。

基本データ

【名前】カヤネズミ（*Micromys minutus*）

【分類】齧歯目ネズミ科カヤネズミ属

【体の大きさ】頭胴長（鼻先から尾の付け根までの長さ）約6cm，尾長（尾の長さ）約7cm，体重7〜8g。

【分布】イギリス，ユーラシア大陸中部（スカンジナビア半島南部と東南アジア北部を含む），台湾および日本。国内では本州（北限は宮城県），四国，九州と，淡路島や対馬など周辺の島々に分布する。

【繁殖】妊娠期間17〜19日。春〜秋（雪の少ない地域では初冬まで）に，1度の出産で1〜8頭（平均4〜5頭）の子を生む。子どもは生後2週間で離乳し，生後20日目までには巣立ちする。

【寿命】野外では半年〜1年。飼育下では1年半〜2年だが，3年生きた記録もある。

【食べ物】雑食性で，主にイネ科の種子や昆虫を食べる。ノイチゴのような汁気の多い果実（液果）なども食べる。

【天敵】ヘビ（アオダイショウなど），小型の猛禽類（コミミズク，トラフズクなど），カラス，モズ，イタチ，ネコなど。

【生息環境】本来の生息環境は，河川や湖沼のそばの自然草地だが，農地（休耕田，水田，畦，農業用水路，ため池など），堤防や道路の法面（盛土や切り取りでできた人工斜面）など，人間活動の影響を強く受ける草地にも生息する。

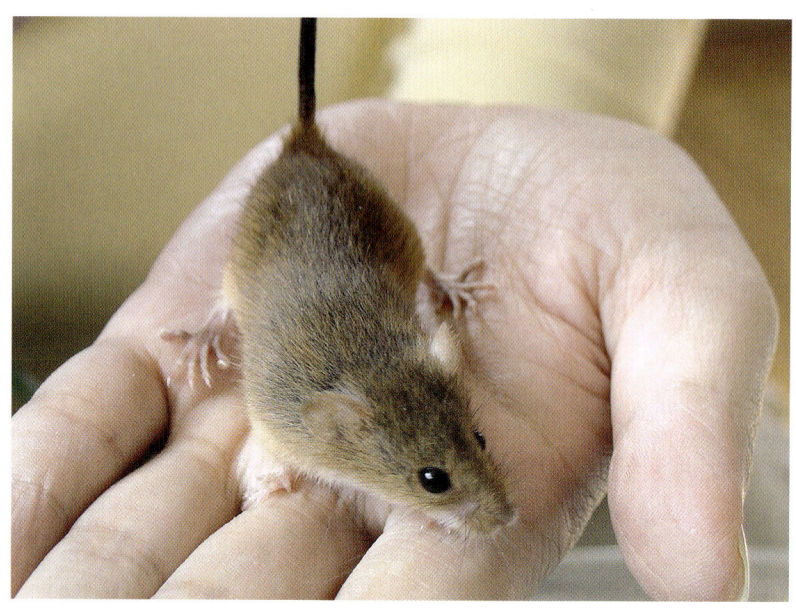

(上) 体の大きさは, 人間の大人の親指サイズ (写真は筆者の手)。世界に約1000種いるネズミ科の中でも, 最小クラスだ。性質はおとなしく, 手に乗せても暴れたり噛んだりしない。
(下) カヤネズミの尾は長く, 尾率(びりつ)（尾長÷頭胴長）は1を超える。カヤネズミと大きさが近いハツカネズミの尾率は0.8〜0.9。

カヤネズミのひみつ

- **口吻**(こうふん)（口もと）　ハツカネズミやアカネズミなどと比べると短めで，丸みがある。
- **耳**　小さく丸く，顔の横に沿うようについている。短い毛が密生する。
- **尾**　長くしなやか。ものに巻き付けることができる。
- **指**　前足の指は4本，後ろ足の指は5本。後ろ足は，親指と小指にあたる指が，あいだの3本の指に対して直角に開き，ものをつかむことができる。
- **骨**　骨の重さは体重の約5％。

　カヤネズミは，食事や休息や子育てなど，生活のさまざまなことを草の上で行っている。体の重みで，草が折れたりしないのだろうか？　大丈夫，カヤネズミは小さくて軽いので，バッタのように草の葉の上に乗れる。カヤネズミの骨の重さは体重の5％で，鳥と同じくらい軽い。[注1]この軽い骨が，体重の軽減に役立っている。それだけでなく，体のいろいろな部分が，草の上での生活に適したつくりになっている。例えば耳。ネズミの耳というと，ミッキーマウスのような大きな耳をイメージしがちだが，カヤネズミの耳は小さく，顔の横に沿うように付いているので，草の中を移動するときにじゃまにならない。また，耳には短い毛が密生し，鋭い草の葉で傷つか

注1：ちなみに，ハツカネズミの骨の重さは体重の8.4％，人間は15％である。

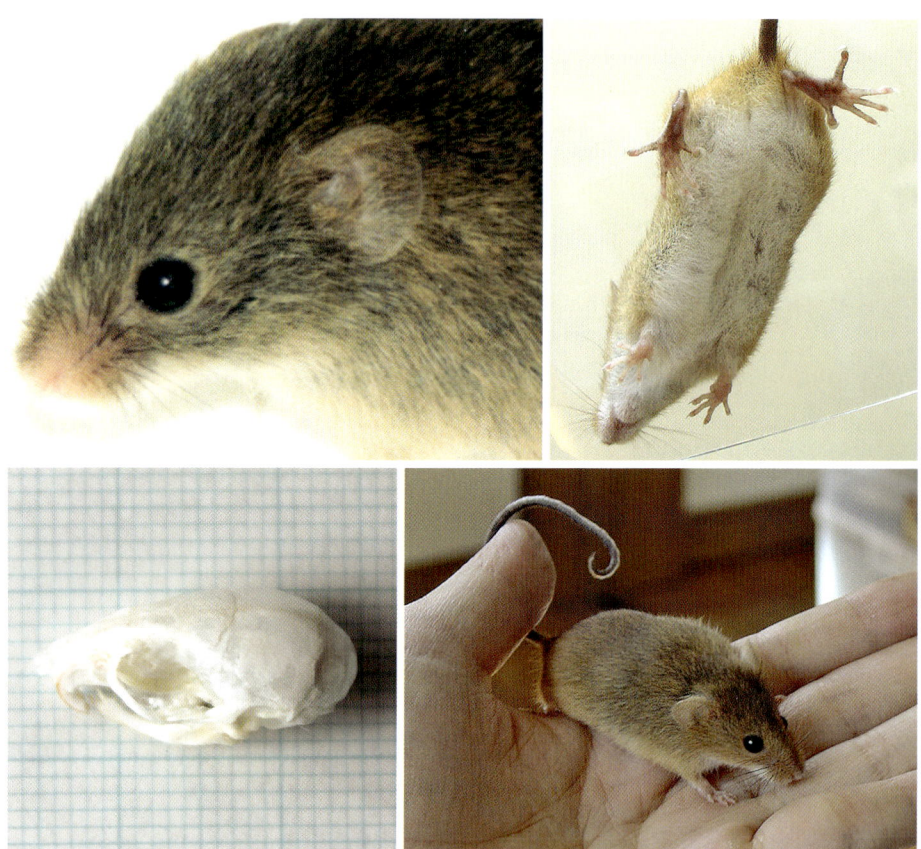

(左上・下) カヤネズミの頭部と頭骨　　(右上・下) カヤネズミの四肢と尾

ないように保護されている。尾はまるで別の生き物のようにくねくねと動き，ものに巻き付けることができる。移動のときは，尾を葉に巻き付けたり，ぐるんと大きく振ったりして，不安定な草の上でうまくバランスを取っている。後ろ足の指は，人間の手のように開いてものをつかむことができる。草の茎を上り下りするときは，前足と後ろ足の指で茎をつかみ，尾もしっかりと茎に巻き付ける。食事や巣作りのときは，尾と後ろ足の三点支持で体を支えて，前足を自由に使うことができる。

生後15日目のカヤネズミの子ども。尾をオギの葉にしっかりと巻き付けている（京都市　桂川河川敷　2004年）。

草を編(あ)んだ巣で子育て

　カヤネズミは世界でも珍しい，草の上で子育てをするネズミだ。カヤ原を歩きながら注意深く観察すると，草むらの中にぷかりと浮かんだ，ボール状の草のかたまりが見つかるだろう。それがカヤネズミの巣だ。巣の材料には，イネ科やカヤツリグサ科の植物の葉が使われる。これらの植物の葉は長細く，葉脈が平行に並んでいるため，葉脈に沿ってすーっと裂ける。カヤネズミはこの性質を利用して，前足と歯を使って何枚もの葉を葉脈に沿って細く噛(か)み裂(さ)き，上

オギに作られたカヤネズミの巣。周りの草にとけ込んで，うまくカムフラージュされている。巣がどこにあるか，わかるだろうか。

手に絡み合わせて球形の巣（球状巣）をこしらえる。巣の大きさはさまざまで，小さいもので直径5cm，大きいものは直径10cmを超えるが，標準的な大きさは直径7〜8cmほど。野外で巣を探すときは，大人のにぎりこぶしひとつぶん，小学生なら，両手のにぎりこぶしを合わせたくらいの大きさが目安になる。

カヤネズミの巣を見つけるには，植物の上半分を探すと良い。巣は，葉を茎から切り離さずに編まれるので，葉が適度に重なり合っているところが，巣作りのベストポジションになる。植物の種類によって，葉の付き方や混み具合は変わるが，例えばオギの場合は，草丈に対して，地面から2/3〜3/4の高さ（地上高80〜120cm）によく作られる。実際に探すときは，オギの先端から30〜50cmほど下あたりを見て探すと見つけやすい。巣の高さは植物の高さとも関係が深く，植物の種類は同じでも，草丈によって巣の位置は変わる。例えば，堤防のように毎年草が刈られる生息地では，草丈は全体に低くなるので，河川敷などの自然草地よりも，平均的な巣の位置は低くなる。

巣の構造

カヤネズミの巣をいくつも観察すると，巣の中が見えるくらい粗く編まれた巣と，きっちりと密に編まれた巣があることに気づくだろう。どちらのタイプの巣も休息に使われるが，子育てには，編み目の密な巣だけが使われる。編み目の密な巣は，葉を粗く裂いて編まれた外層と，葉を細かく裂いた内層の二重構造になっている。寒い時期には，オギやチガヤの穂を詰め込んだ三重構造になることがある。巣の外からもふかふかとした穂が見えて，とても暖かそうだ。完成した巣の近くに，葉がすだれ状に裂かれただけのもの（筆者は

（上段）左：編み目の粗い巣。右：編み目の密な巣。
（中段）巣を開いた状態。左：葉を粗く裂いて編んだ外層と，葉を細かく裂いた内層の二重構造になっている。右：チガヤの穂が敷かれた三重構造の巣。チガヤの穂の中に見える黒っぽい粒々はカヤネズミのフン。
（下段）作りかけて放棄された巣。

「嚙み跡」と呼んでいる）や，くしゃくしゃと葉が絡んだ状態で，いかにも作りかけの巣が見つかることがある。この作りかけの巣は，ごくまれに後日完成されるが，ほとんどがそのまま放棄されて朽ちていく。

巣の出入り口

　巣の出入り口（巣穴）は，巣を地球に見たてると，赤道付近から北緯30度くらいのあいだに多い[注2]。穴の直径は，1〜1.5cm。人間の大人の人差し指で，ぽそっと開けたくらいの大きさだ。巣穴は，いつどのように作られるのだろう。巣が完成してから開けるのだろうか？　カヤネズミは巣を作るとき，まず巣の外層，人間の家でたとえると，屋根や床や壁を作る。そして外層が完成すると，巣の中に入って，内側から葉を引き込んで補強する。さらに，巣の外に出て行って，自分の体の倍くらいの長さの葉を切り取って持ち込み，細かく裂いて内層を作る。つまり，巣穴は後から開けられるのではなく，巣を補強したり，内層の材料を持ち

出入り口が2つある巣。反対側に開いた巣穴から，向こう側の景色が見える。巣の中へ，葉が引き込まれているのがわかる。

注2：まれに，巣の真上に巣穴が開けられることがある。後述の調査では，448個のうち，巣穴が真上にある巣が3個見つかった。

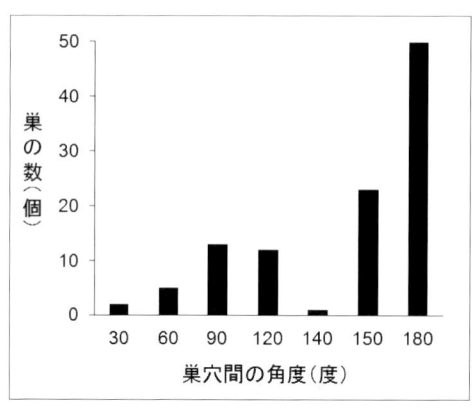

図1-1. 巣穴間の角度

込んだりするための穴が必要で、それが巣が完成したあとも出入り口として使われる。

巣穴の数はたいてい1つだが、2つや、まれに3つもある。巣穴が複数ある巣では、それぞれの巣穴は反対方向に作られることが多い。1999～2000年および2004年に京都府内で見つけた448個の巣のうち、巣穴が複数あった111巣について、巣穴と巣穴のあいだの水平方向の最小角度（巣穴が3つの巣ではそれぞれの巣穴間の最小角度）を測ったところ、おおよそ反対方向（150～180度）に作られた巣が70％近くを占めた。このような巣では、入り口と出口を使い分けていることが多いので、巣の出入りのしやすさが関係しているのかもしれない。また、子どもが大きくなるにつれて巣が傷んで隙間ができ、そこから子どもが出入りして、作られたときよりも巣穴の数が増えることもある。

巣作りに使う植物

カヤネズミが巣作りに使う植物（営巣植物）の種類は多様で、全国的な調査でイネ科を中心に50種類以上確認されている。その中でも、オギとススキは最もポピュラーな営巣植物だ。営巣植物は、生息地の環境を代表する草本植物（優占草種）によって変わるが、基本的には、草丈が高く茎がしっかりしたイネ科植物（イネ科高茎草

本）が主に使われる。例えば，河川敷のようなやや湿った草地ではオギ，山あいの採草地のような乾いた草地ではススキを使った巣が多い。オギやススキが生えにくい，歩くとずぶずぶと足が沈むような湿地では，水辺を好むヨシやマコモなどを使った巣がよく見つかる。イネ科高茎草本がまとまって生える場所が少ない耕作地帯では，チガヤやエノコログサやスゲなど草丈の低い植物も利用される。田畑のイネやムギにも巣を作ることがある。

　オギとススキは1年を通じて利用されるが，春にはアオカモジグサやネズミムギ，晩秋にはチガヤやスゲなどもよく利用される。植物が枯れて巣材が乏しくなる冬には，日当たりの良い場所に枯れ残ったチガヤやススキやエノコログサを使い，地面から膝下までの高

オギに作られたカヤネズミの巣（写真中央）

さに冬越し用の巣を作る。ネザサやメリケンカルカヤのような，他の季節ではほとんど使わない植物に営巣したり，田んぼの積みわらの中に巣を作ることもある。

　たいていの巣は１種類の植物で作られるが，「オギ＋エノコログサ」のように，２種類以上の植物を組み合わせた巣もある。セイタカアワダチソウなどの外来種や，クズなどのツル植物が増えて，イネ科高茎草本が少なくなった生息地では，セイタカアワダチソウやヒメムカシヨモギを支柱にして巣が作られることもある。

　このように，カヤネズミは多様な生息環境の中で，イネ科高茎草本を中心に，さまざまな植物を利用し，季節や生息地の状態に合わせて，工夫して暮らしている。

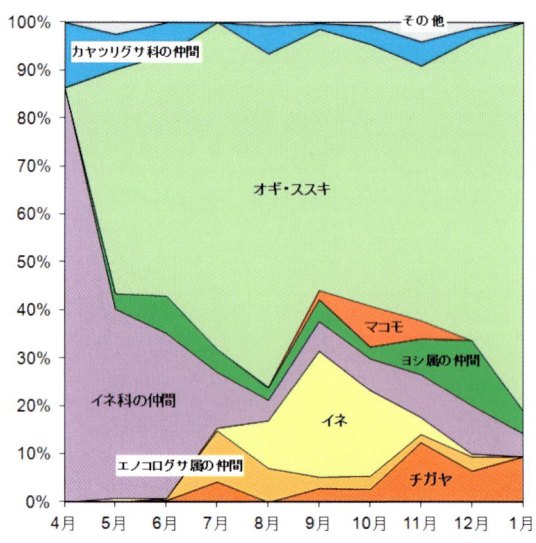

図１-２．巣に使われた植物の種類の季節変化
「全国カヤマップ」2002〜2005年度の調査データをまとめた。

いろいろな植物で作られたカヤネズミの巣
(上段) 左：ホソムギ。右：イネ。(中段) 左：カサスゲ。右：ヒメムカシヨモギにオギの葉と穂，エノコログサを巻き付けて作られた混合巣。(下段) 左：越冬場所に使われたススキ（福井県敦賀市　中池見湿地　2002年）。右：ススキの株の中に埋もれるように作られた越冬巣（写真中央）。

鳥の巣との違い

　カヤネズミの巣は，鳥の巣と間違われることが多い。オオヨシキリ，ウグイス，セッカの巣は，カヤネズミと同じ環境に生息している鳥の巣の中で，間違われやすいベスト3だ。どの巣も，ぱっと見た感じはカヤネズミの巣と似ているが，見分け方のポイントがある。

　1番大きなポイントは，「架（か）ける」と「編（あ）む」の違い。鳥は別の場所から巣材を運んできて「架ける」のに対し，カヤネズミは葉を植物から切り離さずに「編む」。また，巣が草だけで作られることや，巣の形が球形に近く，巣穴が小さいことも，カヤネズミの巣の特徴だ。

（左）オオヨシキリの巣。巣の上部がぱかっと開いたお椀（わん）型。
（中央）ウグイスの巣。巣を支える植物（セイタカアワダチソウ）の上に乗った状態で，ころんと外れる。
（右）セッカの巣。チガヤの葉にクモの巣を絡めて作られる。

第2章

フィールドワークから見る カヤネズミのくらし

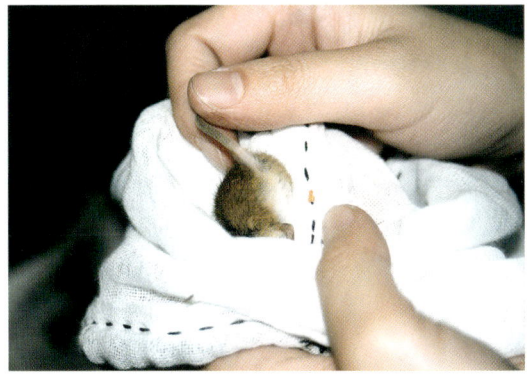

（上）オギの葉を伝って移動するカヤネズミ（京都市 桂川河川敷 2000年）

（左）捕獲(ほかく)した個体の性別と繁殖状態をチェックする。無理に押さえつけるとショック死する危険性があるので，ガーゼの袋でそっとくるんで調べる。

カヤネズミのことを調べるには，さまざまなやり方があるが，その中でも「フィールドワーク」（野外調査）は，彼らと最もじかに向き合う方法だ。野外に出かけていって，行動を観察したり，巣や食べ跡やフンなどの生息の痕跡（フィールドサイン）を探したり，捕獲して体重や体のサイズや繁殖状態などを調べたりする。1日中くたくたになるまで歩き回っても，何の成果も得られない日も多い，根気と体力がいる作業だ。それでも，めげずにフィールドに通い，少しずつ発見を積み重ねることで，彼らの生活が少しずつ見えてくる。本章では，筆者がフィールドワークを通じて出会ったカヤネズミたちとのエピソードを交えつつ，彼らのくらしを見ていこう。

出 巣（しゅっそう）

　カヤネズミは夜行性で，夕方から明け方にかけて活発に活動する。日中は主に巣の中で休息している。昼行性の生き物と夜行性の生き物が交錯する黄昏時（たそがれ），鳥たちがねぐらへ舞い降り，やがて空に音もなくコウモリが舞い始める頃，カヤネズミも巣から出て活動を始める。出巣時刻は外の明るさと関係していて，日が長い夏は出巣時刻が遅くなり，冬が近づくにつれ早まる。

　それでは，昼間に急に外が暗くなったら，カヤネズミはどのような行動を取るのだろうか。それを確かめる貴重な機会に巡り会った人がいる。全国カヤネズミ・ネットワーク会員の辻淑子さんは，日本全国で部分日食が観察された2009年7月22日，東京都あきる野市の平井川で調査中，1時間に3頭ものカヤネズミに遭遇した。最初のカヤネズミに出会った時刻は11時10分。東京が日食の最大を迎え

黄昏時，草丈2mを超すオギに作られた巣から，ひょいと顔を出した（大阪市　淀川河川敷 2000年）。

る3分前で，空全体が少し暗くなった頃だったという。そして，調査が終わった12時10分は，日食の終わりを迎える20分前だった。カヤネズミにしてみれば，「あれぇ？　日が暮れたと思ったのに，もう朝が来たの？！」と，さぞびっくりしただろう。

採餌(さいじ)

　野外でカヤネズミの採餌行動を観察するのは簡単ではない。カヤネズミが巣から出て採餌をするのは夜間が多いうえに，彼らは草の

葉擦れの音に敏感で、こちらが近づく気配を察して、すぐに草むらの中に身を隠してしまうからだ。それでも、何度か採餌中のカヤネズミに遭遇して、食痕（食べ跡）がどんなものかわかったので、食痕を手がかりに採餌ポイントを見つけ出して、待ち伏せすることにした。

　2000年9月13日、たくさんの食痕があるセイバンモロコシ群落を見つけた。セイバンモロコシ（*Sorghum halepense* (L.) Pers.）は地中海原産の大型多年生イネ科植物で、夏から秋に、トウモロコシの雄花に似た赤い穂を付ける。オギやススキの生息地を奪って勢力を広げる困った外来種だが、カヤネズミにとっては魅力的な食べ物

セイバンモロコシの穂を食べる成体。後ろ足と尾で体を支え、前足で穂を挟んで食べている（京都市　桂川河川敷　2000年）。

のようだ。この近くでは、7月8日にセイバンモロコシの穂を食べるカヤネズミを目撃していて、日の入りから22分後の19時25分から19時55分まで、30分間も採餌し続けていた。ここなら出会えそうだと直感し、日暮れを待った。辺りが薄暗くなった頃、ふと気づくと、巣から3mほど離れた場所で、ゆらゆらと不自然にセイバンモロコシの茎が揺れていた。薄闇の中で、必死に目をこらす。いた！カヤネズミだ！　腕時計を見ると、18時30分。日の入りから10分後だった。筆者の目の前に姿を現したカヤネズミは、するするっと茎を上って穂に到達。自身の重みで植物の茎がしなり、体が逆さになってしまったが、尾を茎に巻き付け、後ろ足の指で茎をつかんだ三点支持で体を支えて、自由になった前足で上手に穂を挟んで食べていた。こんなアクロバティックな姿勢で、よく平気で食事できるものだ。この場所では、あともう1回採餌を目撃した。出会った時刻もだいたい日没から30分以内だったので、おそらく同一ネズミ（？）のお気に入りの食事場所だったのだろう。

　イネ科の種子と同様に、昆虫（主に小型のバッタ類や甲虫類）は

セイバンモロコシの食痕　　セイバンモロコシ

カヤネズミにとって重要な食料だ。夏から秋には，たくさんのバッタの仲間が草むらに増える。秋の実りの季節にイネにつくイナゴも，カヤネズミの格好のごちそうになる。カヤネズミの巣のてっぺんに散らばっていたバッタの体の一部を見つけたことがあるが，羽と後ろ足と腹部から尾部の外側の殻などの固い部分は残して，中身はきれいに食べられていた。バッタのサイズは3cmほどで，カヤネズミから見れば，自分の体の半分ほどの獲物を襲って食べたわけだ。

　また冬～春先にカヤネズミの古巣を回収して中を調べると，カヤネズミのフンとともに，オギの穂や一年生イネ科の種子，小型の甲虫類の幼虫の死骸などが見つかることがある。オギやススキの穂についている種子のほとんどは殻が割られて中身が食べられており，巣内の保温と同時に，食料としても利用されていることがわかる。カヤネズミはこのような動植物を食料として厳しい冬を耐え，春を待つ。

グルーミング

　グルーミング（毛づくろい）は，巣から出たときと巣に戻ったときに，よく見られる行動だ。胸から腹，腰，尾にかけて，順に歯で梳いていく。特に尾は両前足で持ち上げ，しごくように丁寧に何度も梳く。一般にネズミの仲間にとって，尾はバランスを取ったり，方向転換するときの舵の役目を持っているが，カヤネズミの尾はさらに，ものに巻き付けることができる。この機能によって，植物の茎を上り下りしたり，葉から葉へ渡ったり，巣作りやエサを取るときに，茎や葉に尾を巻き付けて体を支えるのに役立っている。そん

なに重要な部位だから、ゴミなどが付いて滑ったりしないように、念入りに手入れするのは当然だろう。尾の手入れが終わると、今度は耳の後ろから鼻先へ、両方の前足を一緒に下ろし、顔をぬぐうようなしぐさをする。鼻先は尾のときと同様に、何度も丁寧にぬぐう。顔を洗っているように見えるが、実はヒゲの手入れをしている。カヤネズミの口吻には細長いヒゲがたくさん生えていて、暗闇でも周りの様子を感じ取るレーダーの役割を果たしている。外出時に行うグルーミングの時間は2、3分くらいだが、ひとつひとつの動作が素早いので、身繕いには十分な時間のようだ。一方、巣に戻ったときのグルーミングは、あいだに休憩を挟みながら、長いときは30分くらいやっている。一般に、グルーミングには心を落ち着かせる効果もあるので、体のあちこちを手入れすると同時に、危険な外界から戻った緊張を解こうとしているのかもしれない。

尾のグルーミングをする大人メス。巣から出たあと、しばらく巣の真下のオギの茎につかまってじっとしていたが、筆者が動かずにいると安心したのか、オギの葉を伝って移動し、少し離れたセイタカアワダチソウの葉の根元に腰を下ろして、地上約1.5mの高さでグルーミングを始めた（京都市　桂川河川敷　2000年）。

「通い婚」ならぬ「通い子育て」

　カヤネズミの子育ては非常にユニークだ。子育ては，巣作りから子のケアまで，すべてメスのみで行われる。出産を控えたおなかの大きなメスは，出産の1週間〜数日前くらいから2〜3個の巣を作り，そのうちの1巣で出産する。急に巣がぽこぽこできてきたら，子どもが生まれるサインだ。巣は互いに近接して作られ，半径5mの範囲に3〜5個の巣が集中して，「コロニー」を形成することが多い。メスが子どもを生む巣は，必ずコロニーの中に含まれる。

　母親は1日の大半の時間，子どもと別に過ごしている。子どもに毛が生え始める生後5日目になると，日中は全く巣を不在にすることもあり，「通い子育て」という言い方がぴったりくる。母親は，授乳と平行して，自分が食べたエサを口移しで子どもに与える（吐き戻し）。子どもが巣外探索を始める生後11日目以降は，母親が子どものいる巣に滞在する時間は急に減り，生後16〜18日目で巣への訪問が途絶える。一方，子どもが巣の外で過ごす時間は日を追って増えていき，母親が来たのに子どもは留守，ということもある。そして，生後17〜19日目で，育った巣を離れて巣立ちする。参考例として，子どもの巣を中心とした夜間の母子の活動時間を，生後1日目から巣立ちまで追跡できたケースを図2-1に見てみよう。このケースでは，子どもが1頭しか生まれなかったので，子どもの行動が正確に記録できた。母親の活動時間のグラフを見ると，子どもの巣に滞在した時間は，生後11日目を境に減り，生後15日目以降は，巣のそばまで来ても中には入ろうとしなかった。子どもの活動時間

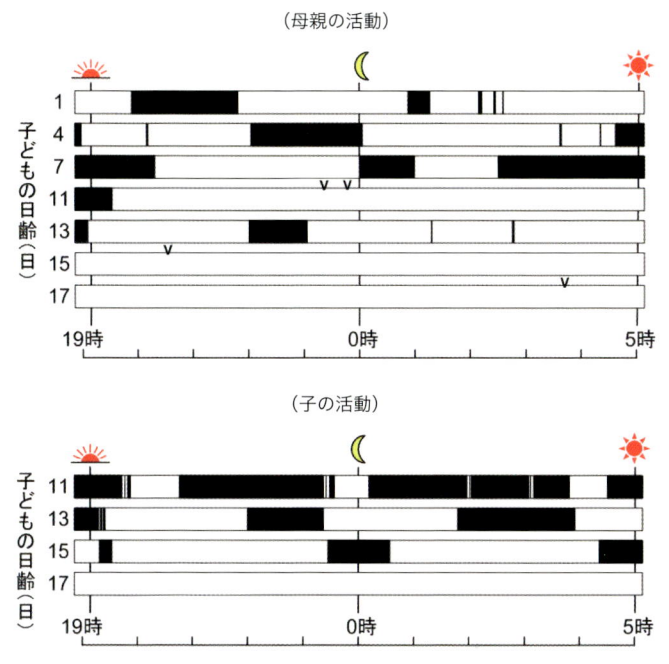

図2-1．子どもの巣を中心とした，夜間の母子の活動時間の変化（Hata 2000を改変）
黒いバンドは巣の中にいた時間，白いバンドは巣の外にいた時間，「V」は巣のそばに来た時間を表わす。子どものグラフは，巣外活動を始めた11日齢以降からの記録。観察期間：1999年7月1日〜7月17日。

のグラフを見ると，巣外探索を始めた生後11日目は，ちょっと巣の外に出てはすぐに戻っていることがわかる。しかし，生後13日目には1.5〜2時間間隔で巣の出入りを繰り返すようになる。生後15日目には，外出時間の方が長くなり，生後17日目には全く巣に戻らなくなった。

　まれに，きょうだいの一部が巣立ち後も巣を使い続けることがあるが，1度子育てに使われた巣が，再び子育てに使われることはない。カヤネズミの巣が作られてから壊れるまでの期間はおよそ1〜2ヶ月と短いが，巣作りから出産，巣立ちまでの期間は3週間〜1ヶ月なので，巣が壊れる前に子育てを終えられる。なかなかにうまい仕組みになっている。

引っ越し

　子どもが成長して生後9〜10日目に目が開くと，母親は別の巣に子どもを引っ越しさせる。引っ越し先は，出産前に作られた巣であることが多いが，新しく巣を作って引っ越すこともある。子どもは母親の後にくっついて移動し，別の巣に移る。引っ越しの理由ははっきりしないが，他種のネズミと同様にカヤネズミにもダニが寄生するため，ひとつにはダニ対策かもしれない。

　また，子どもの成長と関わりなく，人や動物が巣に近づいて草が倒れるなど，巣の周辺の環境が攪乱されたときにも引っ越しする。子どもの目がまだ開いておらず，自分で移動できない場合は，母親が1頭ずつくわえて運び出す。子どもはくるんと体を丸めて，おとなしく運ばれる。引っ越し先の巣は，たいてい元の巣から近く，せ

いぜい1〜2mしか離れていないが、不安定な草を伝って引っ越すのは大変な作業だろう。それでも、1mくらいの距離だと片道1分、つまり子ども1頭を2分程度で運んでしまう。母親は、すべての子どもを新たな巣に運び終えるまで、この一連の作業を休憩なしで行う。子を守る母親の必死な姿に、全く頭の下がる思いがする。

　ところで、子どもの運び忘れはないのだろうか？　心配ご無用。カヤネズミは最後の子を運び出したあと、必ずもう1度巣に戻って、子どもが残っていないか確認する。だから、2つの巣にきょうだいが別れ別れ、なんてことにはならない。

赤ちゃんをくわえて巣から出てきた母親。引っ越し先の巣へ、1頭ずつ子どもを運び込む（京都府八幡市　2000年　河野久美子氏撮影）。

好奇心いっぱいの子カヤたち

　カヤネズミの子どもの成長は早い。生後9〜10日目に目が開くと、盛んに巣穴から顔をのぞかせるようになる（筆者はこれを「顔出し行動」と呼んでいる）。生後11〜12日目になると、おぼつかない足取りで巣の外に出て探検を始める。最初はこわごわ、巣から体が出るか出ないかですぐにきょうだいの待つ巣へ戻るが、徐々に大胆になり、1頭が外に出ると、2頭目が後を追い、続いて3頭目も巣の

筆者が草をかき分ける音に反応して、生後13〜14日目くらいの子どもが外の様子をのぞきにきた。巣穴からピンクの鼻先が見える（京都府八幡市　木津川堤防　2000年）。

外へ。母親が留守中に巣の周りをちょろちょろ。時々足を滑らせてぽろっと草むらに落下し，しばらくするとよろよろと巣によじ上ってくる。見ているこちらがはらはらする。そのうち，1頭が巣に戻ったのをきっかけに，他の子どもたちも次々に巣に戻る。このように，最初はきょうだいで一緒に行動するが，日を追って単独行動が増える。

　明るい日差しの中で，大人のカヤネズミに出会うことはめったにないが，子どもたちは日中もよく巣穴から顔をのぞかせている。この頃の子どもたちは人間を怖れず，好奇心いっぱいにこちらを見つめ返してくる。ただ，日中に外を見ているときは，たいていぼーっとしている。長いときは30分近く，頭を巣の外に出したまま，ずっと外を眺めていた。真っ黒な瞳に，何を映し，何を思っているのか，カヤネズミの言葉が話せたらいいのにと，ほんの小指の先ほどの，小さな愛らしい顔を見ていて思う。

「フリーズ」と「ジャンピング・オフ」

　カヤネズミは危険を感じると，その場にじっとして動かない（フリーズ）習性がある。この習性は，空からカヤネズミを襲う敵，すなわちモズやカラスやコミミズクなどの鳥類から身を守るのに役立つ。彼らは視覚と聴覚が発達していて，動くものや音を頼りに獲物を見つけるからだ。しかし，それでも敵に見つかりそうになったらどうするのだろう？　そのときは，フリーズを解いて草の上から飛び降りる（ジャンピング・オフ）。ただ，ジャンプ力はあまりないので，ぽとっと落ちるような感じになる。

日が暮れ、あとひとつ調べたら調査を終わりにしようと思いながら巣に近づくと、巣がガサガサッと揺れた。あっと思った瞬間、カヤネズミがぴょんと飛び出してきた（京都市 桂川河川敷 1999年）。

巣から飛び出してフリーズしたあと、カメラのシャッター音を警戒したのか、筆者の正面に体を向け、1mの距離でしばし見つめ合う形になった。本人（ネズミ？）は隠れているつもりらしいが、体が丸見え。驚かさないように静かに観察していると、5分ほどして、ゆっくりと体の向きを変えて巣に戻っていった（同上）。

　巣立ち前の子どもも、身の危険を感じると同じ行動を取る。それを知ったのは、京都市の桂川で調査をしていたときだった。カヤネズミの繁殖状況を調べるために、子どもがいるかどうか確かめようと巣に近づいたとき、まるでホウセンカのタネがはじけるように、数頭の子どもがぴょんぴょんと巣穴から飛び出してきた。巣の高さは60cmほどで、下草のクッションもきいているので、ケガはして

いないだろう。だがもし 2 m の高さに作られていた巣だったら危なかったと，冷や汗が出る思いだった。

警戒距離(けいかいきょり)

　動物には，それぞれの種によって，一定の「警戒距離」がある。同種の個体や，敵などが近づいてきたときに不安に感じる距離のことで，警戒距離を越えられると，逃げたり，攻撃したりする。カヤネズミにも警戒距離は存在するが，フィールドワークを始めた頃は，それがどのくらいなのかわからず，自分で試行錯誤を重ねるしかなかった。

　筆者が大学院の修士課程で取り組んだ研究テーマは，カヤネズミの野外での繁殖生態，特に子育て中の母親の行動を明らかにすることだった。明るい日中に，草むらを歩き回って巣を探し，中に子どもがいたら巣の近くにビデオカメラを置いて，徹夜で母親の行動を観察

巣穴から顔をのぞかせ，鼻をひくひくさせながら，しきりに外を警戒していた母親。生後3日目くらいの子どもが4頭いた。この2日前には，台風並みの風雨が吹き荒れた。調査地の大半の巣が吹き飛ばされた中，必死で子どもたちを守った（京都府八幡市　木津川堤防　1999年）。

する。子どもたちの巣立ちが近づいたら，連日徹夜になる。子どもを持つメスは特に警戒心が強く，巣から警戒距離の2m以内には近づけない。子どもの確認には人のにおいがついたり，巣の周辺の草を乱したりしないように細心の注意を払い，行動観察も，基本的には警戒距離の1.5倍（3m）を取って行っていたが，それでも子どもと引っ越されてしまったことが何度かある（子どもを見つけて，車にビデオカメラを取りに行った10分ほどのあいだに引っ越されてしまったこともある）。ただ，中にはこちらの接近を許してくれる母カヤネズミもいて，筆者は敬意を込めて，彼女たちを「肝っ玉かあさん」と呼んだ。35頁の写真の母カヤネズミも，そんな肝っ玉かあさんの1頭だ。研究のためとはいえ，彼女らにはストレスをかけて申し訳なかったが，彼女たちから学んだ「適切な距離の取り方」は，その後のカヤネズミの保全活動に大いに役立っているので，少しはお返しできたかなと思う。

招かれざる客

「カヤネズミの天敵は何？」という質問をよく受ける。カヤネズミは住宅街にすみ着くハツカネズミ，クマネズミ，ドブネズミなどと違って，人と接する機会が少ないので，意外に想像がつきにくいようだ。

　カヤネズミの天敵は多く，ヘビ（アオダイショウなど）や小型の猛禽類（コミミズク，トラフズクなど），カラス，モズ，イタチ，ネコなど，さまざまな動物たちに捕食される。その中で，カヤネズミの子どもにとって最も脅威なのは，おそらくヘビだろう。カヤネ

ズミの子どもを襲うのは，アオダイショウの幼蛇など比較的小型のヘビだ。巣の中にいれば，鳥の目からは逃れられるし，オギなど背丈の高い草に巣を作れば，イタチやネコの攻撃からは逃れられる。しかし，ヘビはするすると茎を上り，巣穴から頭を突っ込んで，子どもを1頭ずつ丸飲みしてしまう。しかも，巣の中にいる子どもはすべて餌食になる。母親はなすすべもなく，自分自身が命からがら逃げ出すのが精一杯だ。

（左）アオダイショウがカヤネズミの赤ちゃんを飲み込む瞬間。ヘビの口元から，赤ちゃんのピンク色の体が見える（京都府八幡市　2000年　河野久美子氏撮影）。

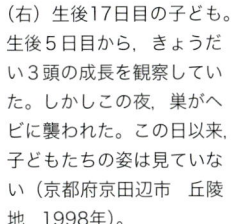

（右）生後17日目の子ども。生後5日目から，きょうだい3頭の成長を観察していた。しかしこの夜，巣がヘビに襲われた。この日以来，子どもたちの姿は見ていない（京都府京田辺市　丘陵地　1998年）。

第2章　フィールドワークから見るカヤネズミのくらし

ヘビがカヤネズミの子どもを捕食（はしょく）する一部始終が記録された貴重な事例として，筆者がTV番組の取材に協力したときの映像記録から紹介する。2000年9月28日，京都府八幡市木津川の土手に作られた巣を，アオダイショウが襲った。母親はヘビが巣を襲う少し前に巣を離れていた。もしかすると，ヘビの気配を察したのかもしれない。ヘビは巣穴を押し広げるように潜り込み，1頭ずつ引きずり出しては飲み込んでいった。6頭の生まれたばかりの赤ちゃんが，わずか3分で飲まれてしまった。ヘビはその後も，念入りに巣の中を探って，獲物がいないことを確認してから，ようやく巣を離れた。その後，巣に戻ってきた母親は，何度も何度も巣を出たり入ったりして，子どもたちを探しているようだった。食べられた子どもたちは，ヘビがしばらくの命をつなぐ貴重な糧となったことはわかっているが，いまだに，このシーンを平静な気持ちで見ることができない。

　もうひとつ，筆者が遭遇（そうぐう）した事例を紹介する。1998年9月8日の夜，京都府京田辺市の丘陵地で2週間前から追い続けてきたカヤネズミ母子の巣を観察用のモニターで眺めていると，母親が大慌（おおあわ）てで巣に飛び込んできた。3頭の子どもたちは，先ほどから外出して留守だった。彼女は猛スピードで内側から巣穴をふさぎ始め，みるみるうちに姿が見えなくなってしまった。モニターは巣を大写しにしていて，中の様子がさっぱりわからない。もう観察をやめようかと思ったとき，急に激しく巣が揺れ出した。揺れは5分ほど続き，ピタリと静かになった。息を詰めて見守っていると，巣穴からズルリと黒っぽいものが這い出てきた。ヘビだ！　ヘビはゆらゆらと鎌首（かまくび）を揺らしながら，巣の表面にまとわりつくようにモニター画面の右下から左上まで横切り，ゆっくりと視界から姿を消した。

母カヤネズミは，自分を追ってきたヘビに襲われたが，おそらく反対側の巣穴から逃げのびたのだろう。巣を襲ったヘビのサイズでは，大人のカヤネズミは獲物として大きすぎるし，もし食べられたのなら，ヘビのおなかがぽっこりふくらむので容易にわかる。しかしこの日以来，母子は巣に戻ってこなかった。数日後，この巣のすぐそばで母親と思われる個体を見かけたが，3頭の子どもには出会わなかった。巣の外で食べられてしまったか，あるいは巣立ちが近かったので，危険を感じて巣から離れたのかもしれない。

　翌年の春に再び調査地を訪れると，巣のあった場所一帯は近鉄新田辺駅の駅前開発の土砂捨て場になっていた。数キロメートル離れた山の中に，わざわざ土砂を捨てにくるのだ。オギやススキが群生していた場所には重機が入り，前の年，たくさんのカヤネズミの巣ができていた土地は，巨大な泥の山になっていた。あの母子がどうなったのか，もはや確認するすべもなかった。そのとき，「野生動物の生息地って，こんなに簡単に失われてしまうんだ」と強いショックを受けた。この経験が，筆者のカヤネズミの保全活動の原点になっている。

カヤネズミの鳴き声

　「カヤネズミは鳴きますか？」という質問を受けることがある。齧歯類は一般に，身の危険を感じたときや，相手に自分の存在を知らせたいときなど，さまざまな状況で鳴き声を上げる。ただし，その多くは超音波（16〜20キロヘルツ以上）なので，人の耳で聞き取れる鳴き声は限られる。

巣から落ちて鳴いていた，生後9日目くらいのカヤネズミの子ども（京都市　桂川河川敷　2002年）

　筆者は野外で，何度かカヤネズミの鳴き声を聞いた。大人のカヤネズミの鳴き声は，ネズミの鳴き声としてたとえられる「チュウ」ではなく，「チッ」という短く鋭い声だ。カヤネズミの縄張りの存在については確認されていないが，育児中の巣に，母親以外の大人（おそらくメスの存在にひかれてやってきたオス）が近づくことがある。母親が巣内にいるときは，「チッ」と鋭く鳴いて巣から飛び出し，相手を追い払う。母親の留守中に別個体が巣の中に入り込んだ場合も，母親は急いで巣に戻り，侵入者を激しく追い払う。

　カヤネズミ同士が鳴き交わす場面にも遭遇したことがある。2004年10月23日，筆者は観察会の講師として，奈良県生駒市の棚田が広がる地区を，十数名で歩いていた。放棄された田んぼの法面にカヤネズミの巣を4個見つけ，参加者に見てもらうために少し近づくと，1番端の巣から4〜5m離れた場所で，「チッ」と何かが鳴く声が聞こえた。「カヤネズミだ！」と直感し，「しーっ，静かに！」と言い合って，全員で耳をそばだてた。時計を見ると，昼の12時過ぎだった。しばらくして，また「チッ，チチッ」という鳴き声が聞こえ，その直後，2mほど離れた場所から，「チッ」と鳴き返す声がした。

息を殺して見守っていると，声の主の2頭は「チッ，チチッ」「チッ」「チッ，チチッ」「チッ」と一定間隔をおいて繰り返し鳴き交わしながら，15分ほどかけて法面を移動し，やがて1頭が巣のひとつに入った。後を追っていた1頭はそれであきらめたのか，鳴き声はそこでやんだ。翌日調べたところ，1頭が入っていった巣から2mほど離れた巣には，生後2日目の子どもがいた。おそらく，巣に入っていった個体は，子どもの母親だったのだろう。そうすると，鳴き交わしていた相手は，オスだった可能性が高い。

　子どもの鳴き声はどうだろう。大人と同様に，野外でカヤネズミの子どもの鳴き声を聞く機会はほとんどないが，たまに，巣の中でかすかに「チッチッ」「キッ」と鳴いていることがある。さらに，桂川で調査中に，巣から落ちて鳴いている子どもに，2度遭遇したことがある。1度目は2002年8月8日，「ピイッ！　ピイッ！」という，甲高い連続的な鳴き声が聞こえてきた。声のした方を探すと，生後9日目くらいの子どもが1頭，草の中に落ちて鳴いていた。2度目は2005年7月16日で，やはり巣の真下で「ピイッ！　ピイッ！」と鳴いている，生後8日目くらいの子どもを発見した。どちらのケースも，落ちて鳴いていた場所からすぐ近くの巣にきょうだいがいたので，そのまま巣に戻してやった。かなり切羽詰まった鳴き声で，人間の筆者ですら，そわそわして辺りを探し回ったくらいだから，母親はさぞかしはらはらしていたに違いない。[注3]

注3：カヤネズミの子どもは，可聴域から超音波まで，3タイプの声を出すことがわかっており，そのうち人の耳でも聞こえる声は，子どもの体を指で強くつついたときに出したものという（福田・日高　1982）。おそらく，身の危険を感じたときに出す声で，巣から落ちて鳴いていた子どもが出した声もこのタイプだろう。

台風一過，球巣の建設ラッシュ

　草で編んだカヤネズミの巣は，雨漏りしないのだろうか？　彼らの巣は，葉を裂いて編んだ外層と，葉が細かく裂かれた内層の二重構造になっているため，雨は巣の表面をぬらすだけで，中にはしみこみにくい。ただ，防水効果にもやはり限度があるので，大雨で巣がぐっしょりぬれてしまった翌日には，新しく作られた巣がよく見つかる。巣は子育てだけでなく，親自身の休息場所としても使われる。それゆえ，彼らは安全で居心地が良いすみかを維持するために，せっせと巣を作り続ける。巣作りには生きた葉を使用するので，作りたての巣はきれいな緑色をしている。しかし日が経つと茶色くなり，やがて朽ちて地面に落下する。

　草で作られた巣は，どのくらいの期間，保つのだろう。巣が作られてから壊れるまで正確に追えた138例を図に示した。巣が作られてから壊れるまでの期間を「巣の寿命」と定義すると，早くて2週間，長くても2ヶ月で巣の寿命が尽きる。まれに，新しい葉を茶色くなった巣の上から巻き付け，修繕しながら使い続けることもあるが，ほとんどの巣は古くなると放棄される。

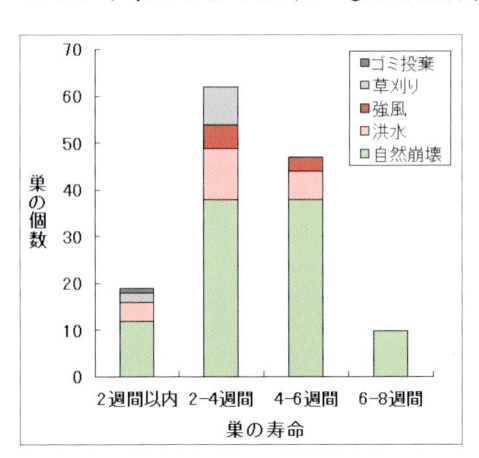

図2-2．巣の寿命と崩壊の原因（Hata 2000を改変）

巣が壊れる原因は，日光や雨風にさらされて自然に朽ちる「自然崩壊」が多いが，梅雨の大雨や台風などの自然災害や，草刈り・ゴミ投棄などの人間活動で，本来の巣の寿命が尽きる前に壊れてしまうこともある。ただし，自然災害で巣が壊れても，生息地に植生が残っていれば，すみやかに新しい巣が作られる。例えば桂川では，1999年6月29日の大雨で調査地が洪水に見舞われ，洪水前にあった巣の半数以上が壊れたり消失したりしてしまった。しかし7月1日には，壊れた巣の近くに新しく巣が作られた。オギの上で巣作り中

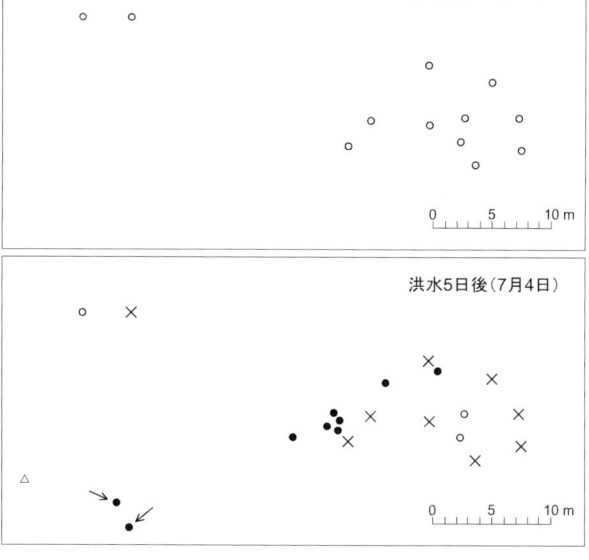

図2-3．洪水による巣の崩壊と再生（洪水前と洪水後の比較）（Hata 2000を改変）
○印：洪水前に作られた巣　●印：洪水後に作られた巣
×印：洪水で壊れた巣　△印：草を噛み裂いた跡（biting point）
矢印（→）：カヤネズミの成体を確認した巣

のカヤネズミにも出会った。日中から巣作りをするカヤネズミを見たのはこのときを含めて2回きりで、よほど急いでいたのだろう。そして洪水から5日後の7月4日には、洪水以前の巣の数まで回復した。

　洪水に見舞われるカヤネズミには災難だが、洪水で河川敷が定期的に冠水(かんすい)することで、草地が維持されている。河川改修工事が進んで河川敷が冠水しなくなると、クズなどの乾燥を好むツル植物やノイバラなどの灌木類(かんぼくるい)が増えて、オギやヨシが育ちにくい環境になるからだ。洪水はカヤネズミをはじめとする多くの生き物のすみかや命を奪うが、彼らの生きる環境を守る大事な仕組みなのだ。

カヤネズミの巣の状態の変化
（左）できたての巣　（右）巣を支える葉が切れて、落ちかけている古い巣

洪水とカヤネズミ

　洪水は，河川敷の草地を維持する大事な役割を担っているが，そこで暮らす生き物にとっては，しばしば命がけの試練となる。2004年10月21日に近畿地方を直撃した台風23号により，桂川では1999年6月29日の豪雨以来，広い範囲で冠水した。調査地はほぼ全域が水に浸かり，カヤネズミの生息域の3分の1で，植生がなぎ倒された。洪水前にあったカヤネズミの巣は，およそ3割が泥をかぶったり，ぼろぼろに壊れたり，ちぎれてなくなったりしていた。泥をかぶった巣のひとつで，泥まみれの5頭の子どもの死体を見つけた。体を寄せ合って母親を待ちながら，冷たい泥水におぼれて命を落とした子どもたちに，心の中でそっと手を合わせた。洪水の6日前に，生後12日目の2頭のきょうだいと，生後5日目の子どもとその母親を確認していた。彼らの無事を祈りつつ，巣に向かった。生後12日目のきょうだいの巣は無事だった。巣に近づくと，1頭が巣穴からぴょいっと飛び出してきた。ほっとして次に向かった生後5日目の母子の巣は，そのすぐ真下までゴミと流木がのしかかっていた。一呼吸おいて巣を開くと，中にはぎっしりと泥が詰まっていた。母子の死体はなく，行方はわからない。

　古い文献には，「カヤネズミは洪水を予知して高い場所に巣を作る」と書かれていることがあるが，本当だろうか？　桂川の事例などから，予知能力については疑わしい。しかし，洪水の時期に巣の位置が高くなるのは本当で，この現象は，カヤネズミの営巣習性（えいそうしゅうせい）から説明できる。カヤネズミは巣作りのときに葉を植物から切り離さ

（上）洪水が引いたあとの生息地。水の勢いで植生がなぎ倒され，泥に埋もれている（京都市桂川河川敷　2004年）。
（下）洪水で，巣に泥水が入り込んで溺死したカヤネズミの子ども。生後5日目くらいの5頭のきょうだいが，泥まみれで体を寄せ合うように死んでいた。

ずに編むので、巣が作られる植物の草丈によって巣の高さも変わる。イネ科高茎草本がぐんぐん成長する春から夏は、巣の位置もそれに伴って高くなる。つまり、カヤネズミが好んで営巣する植物が成長する時期と、梅雨の大雨や台風の時期が重なった結果、あたかもカヤネズミが洪水を予知しているかのように、巣の位置が高くなるというわけだ。実際、河川敷では、イネ科高茎草本の草丈がまだ低い春には、アオカモジグサやネズミムギなど、春に一気に成長・開花するイネ科植物が営巣によく利用されるが、初夏から秋に見つかる巣のほとんどはイネ科高茎草本（主にオギ）に作られる。真夏のオギの草丈は2mを超すこともあり、巣の高さは1〜1.5mになる。もともと、彼らの祖先は中国南部の暖かく雨の多い地方に生息し、河川や湖沼のそばの草丈の高い草原をすみかとしていた。イネ科高茎草本に好んで巣を作る行動は、洪水が起きやすい環境で、乾いた安全なすまいを得るために、遺伝的に獲得した性質だと考えられる。

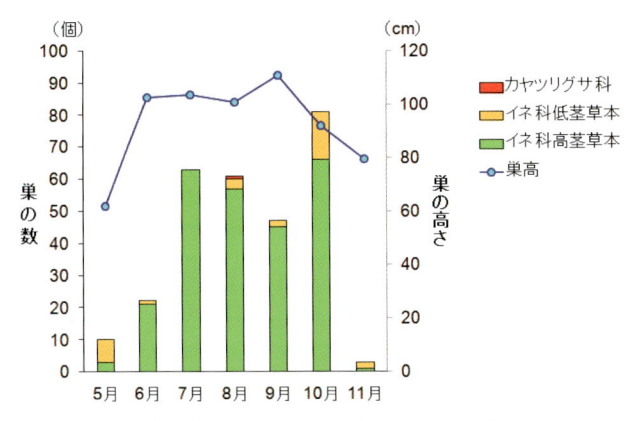

図2-4．営巣植物の種類と巣高の季節変化（Hata 2000を改変）
1999年5月〜11月に桂川で発見した新巣のデータを月ごとにまとめた。棒グラフは発見した巣の数と、巣が作られた植物の種類。折れ線グラフは巣高の平均。

カヤネズミの毛色

　一般に，カヤネズミの毛色を説明する際に，「オレンジ色」や「明るい茶色」という表現が使われる。端的に特徴を捉えた表現として，筆者もそう説明することが多い。ただ，実際のところ，毛色には濃淡があり，おなかの白い毛との境界部分は淡く黄色みを帯びていて，背骨側に向かって徐々に濃い色合いに近づいていく。さらに，被毛(ひもう)には長い上毛（オーバーコート）と短い下毛（アンダーコート）の2種類ある。つまりオレンジ色と言っている背中の毛は，外から見えている上毛のことだ。一方，下毛はやわらかで黒っぽい。おなかの毛は上毛も下毛も白い。

　もうひとつ，カヤネズミの毛色は季節によって変化する。カヤネズミを特徴づける，オレンジ色がかった明るい茶色の毛は，実はいわゆる「夏毛(なつげ)」だ。冬から春先の毛色は，くすんだ茶色～黒っぽい茶色をしている。この時期のカヤネズミは，毛色だけ見るとハツカネズミと区別がつきにくいくらいだ。興味深いことに，子どもの毛色は，生まれた季節によって違う。最初にそのことに気づいたのは，1999年11月初めのことだった。観察中の巣から，黒っぽい茶色の毛をまとった子どもたちが，ぴょんぴょんと飛び出してきたのだ。それまでに出会った子どもたちの毛色は薄茶色だったので，とても驚いた。しかし観察を重ねるうち，まだ気温が低い春の初めや秋の後半に生まれた子どもたちは，その間の季節に生まれた子どもたちに比べて，毛色が濃いことがわかった。

　暗い色の冬毛(ふゆげ)は，翌年の繁殖期を迎える頃には，明るい色の夏毛

夏毛の子ども　　　　　　　　　　冬毛の子ども
（京都府八幡市　2004年8月19日　澤邊　（岡山県岡山市　2002年10月20日　山田勝氏撮影）
久美子氏撮影）

2001年12月19日，埼玉県所沢市の狭山丘陵の湿地で捕獲された冬毛の大人メス。捕獲場所は開発工事で失われてしまうため，翌朝，工事区画の外に逃がした。

第2章　フィールドワークから見るカヤネズミのくらし　　　49

に変わる。1999年3月末〜4月初めに筆者が捕獲したカヤネズミ（チュータ（♂），チョロリン（♂），チョコロン（♂），コロリン（♀））を飼育していたとき，冬毛から夏毛への換毛（かんもう）をじっくり観察する機会があった。4頭は，屋外の雨がかからない場所に置いたプラスチックケージに別々に入れ，外気に触れる状態で，日よけや保温はせずに飼っていた。早い個体は6月上旬，遅い個体は6月中旬から換毛が始まった。毛は体の中心から遠い部分（口吻，脇腹，尾の付け根）から中心に向かって徐々に生え変わり，3週間ほどですっかり夏毛になった。もうひとつ，人工的な環境で換毛が起きた事例として，2000年12月末に捕獲した大人メスを室内飼育したところ，1ヶ月ほどで毛色が腹側からだんだんとオレンジ色に生え変わったという報告がある（報告者：島軒英二氏）。つまり，冬のあいだに夏毛への換毛が起きてしまったのだ。

　冬毛が黒っぽくなる理由としては，冬の生活場所と関係がありそうに思われる。カヤネズミは冬になると，日当たりの良い草地に枯れ残ったイネ科やカヤツリグサ科の植物の葉を編んで，地面に近い高さに巣を作って過ごす。土や枯れ草の色に近い毛色は，冬枯れの草原では保護色になる。

　換毛が起きる原因は何だろう。夏と冬で毛色が違うことで知られるノウサギでは，日照時間が換毛のタイミングに影響し，気温が換毛のスピードに影響することがわかっている。先に紹介した2つの観察事例に共通するのも，日照時間と気温の変化なので，同じ原因で起きている可能性がある。

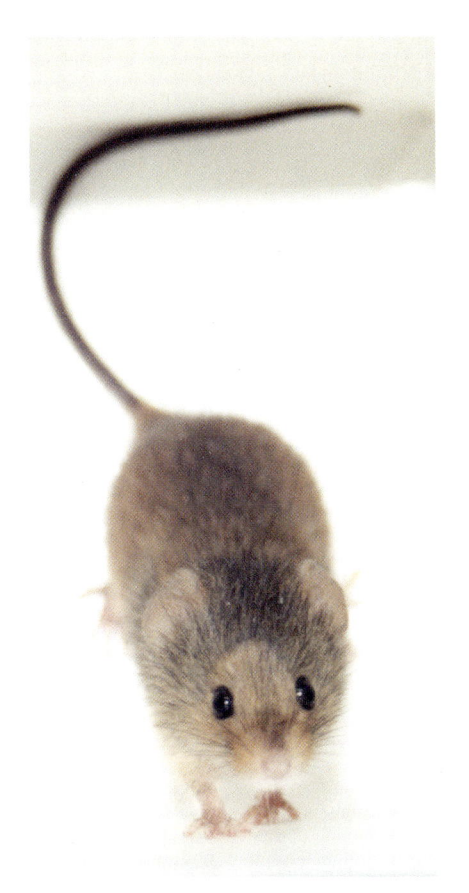

冬毛から夏毛に換毛中のコロリン。両目の外側と内側の色の違いで、冬毛と夏毛の境界がはっきりわかる。(1999年6月24日撮影)

第3章
カヤネズミと人のくらしとの関わり

麦の穂につかまるカヤネズミの置物（イギリス製）。手前の花はムギセンノウ（麦仙翁，英名 corn cockle）。ヨーロッパでは，麦畑に生える雑草として知られる。

カヤネズミは英語で「ハーベストマウス」(a harvest mouse)と呼ばれる。名前の由来は，麦の収穫時期によく姿が見られたことによる。[注4]イギリスでは麦畑に巣を作るネズミとして知られ，麦の穂につかまるカヤネズミの姿は，絵本やポストカードでも親しまれている。イギリスに比べると，日本でのカヤネズミの知名度は低いが，かつて茅が人々のくらしの中で大切な資源として扱われていた頃は，カヤネズミは人々に近しい存在だった。年配の方からは，友達とカヤネズミの巣を投げっこして遊んだり，カヤネズミの赤ちゃんを飼ったり，稲刈りの手伝いでカヤネズミや巣を見たなどの思い出話をうかがうこともある。

　本章では，人里にくらすカヤネズミに焦点をあて，彼らのくらしと，伝統文化や農業との関わりについて紹介する。

茅場とカヤネズミ

　昭和30年代頃（1950年代後半～1960年代前半）まで，ヨシやススキ，オギなど「茅」と総称される大型イネ科植物は，家の屋根を葺いたり，牛や馬の飼料（まぐさ）や炭俵（すみだわら）の材料などに利用され，日々の生活になくてはならないものだった。茅を刈る場所は「茅場」と呼ばれ，毎年の火入れや草刈りによって保たれていた。茅場（萱場），茅原（萱原），茅野（萱野），茅刈（萱刈）など，茅にちなんだ地名

注4：カヤネズミが世界で初めて記録された文献『セルボーンの博物誌』（ギルバート・ホワイト，1789年）による。なお，カヤネズミのフランス語（Souris des moissons, Rat des moissons），カタルーニャ語（Ratoli de les collites, スペイン東部のカタルーニャ地方の言語），バスク語（Uzta-sagu，フランス・スペイン両国にまたがるバスク地方の言語）にも，英語と同様に名前の中に収穫や作物という意味がある。

は全国各地に存在するが，その多くの場所では開発などで草原が失われ，現在は地名のみが残されている。

　人々のくらしに必要な資源を得るための茅場の管理は，カヤネズミをはじめとする草地にすむ生き物たちにとっても，良い生息場所を提供してきた。全国カヤ

茅刈りの風景。当地で使われる茅は「ノガリヤス」というイネ科の多年草。山の急斜面に作られた茅場で鎌を振るって刈り取り，束ねて下に下ろす作業は重労働だ（富山県南砺市五箇山　2011年）。

ネズミ・ネットワークの聞き取り調査によれば，1960年頃の岡山県苫田郡鏡野町では，山焼きで燃えさかるススキの中から，「カヤネズミの古巣が火の玉となってあちこちから立ち昇っていた」という報告もある。そうした茅場とカヤネズミの関わりを見てみよう。

早春の火入れ

　早春のカヤ原の火入れには，枯れて地上に堆積した茅を焼き，新芽の生育を促す効果がある。大阪府高槻市の鵜殿地区では，毎年2月下旬に「鵜殿のヨシ原焼き」が行われる。淀川河川敷の広大な草原に火が入れられると，火は枯れた草の上をなめるように移動し，後には黒々とした焼け野を残す。鵜殿で収穫されたヨシは質が良く，よしずや雅楽器の「篳篥」の「舌」（リード）の材料として用いられる。『日本書紀』や『古事記』，『万葉集』の中で「豊葦原水穂国」（豊かに葦が生い茂り，稲が穂を実らせる国という意味）と記

注5：ヨシは最初「アシ」と呼ばれていたが，「アシ」が「悪し」の意味につながるので，縁起が悪いと嫌われて，「ヨシ（善し）」に言い換えられたのが定着したようだ。

（上）淀川に春をつげる「鵜殿のヨシ原焼き」（大阪府高槻市鵜殿　2002年）。
（下）火入れの準備は前の年から始まる。晩秋に，人の背丈の倍ほどに伸びたヨシを刈り取り，防火帯を作る（同上）。

されたように，ヨシ原は日本の原風景の一部になっている。

　カヤネズミは火入れで焼け死んだりしないのだろうか。焼け焦げて地面に転がっていた巣の中でカヤネズミが死んでいたという報告もあるので，避難が間に合わずに焼け死ぬ個体はいるだろう。ただし，地面近くに作られた冬越し用の巣（越冬巣）は，巣の表面が焦げているくらいで，中は何ともなっていない。火入れにより，地表面の温度は数百度にまで上昇するが，すみやかに燃え尽きるので，巣を焼失させるまでには至らないようだ。この時期，カヤネズミは

火入れ後に見つかったカヤネズミの越冬巣。巣が作られていたススキは焼けてなくなっていた（大分県竹田市　久住高原　2008年）。

巣を開いたところ。内部は焼けておらず，きれいな状態。

第3章　カヤネズミと人のくらしとの関わり

地上の枯れた草の中でくらしているが，カヤネズミがくらす草原には，アカネズミやハタネズミ，モグラなどが掘ったトンネルが無数に走っている。火入れで温度が上がるのは地下5cm程度までなので，少し深く地下に潜れば難を逃れられるだろう。実際，鵜殿や栃木県の渡良瀬遊水地，山口県の秋吉台，熊本県と大分県にまたがる阿蘇・久住高原のように，火入れによって健全に保たれたカヤ原は，カヤネズミの良好な生息地になっている。

新緑のカヤ原

春のカヤ原は全体的に草丈が低く，色合いも薄黄緑でやわらかな印象だ。草むらに分け入ると，春を待ちわびた生き物の気配がそこかしこに満ちあふれている。前年に草刈りされた堤防や，火入れされた河川敷では，草の伸びも早いが，人の手が入らない河川敷ではそれよりもひと月近く遅れて（筆者のフィールドでは，ゴールデンウィーク頃），立ち枯れたオギの中に，新しく伸びてきたオギの緑色が目立つようになる。成長期に入ったオギはぐんぐん伸び，やがて草丈が1mを超すと，そろそろカヤネズミが草の上で巣作りを始める時期だ。

夏のツル草取り

茅葺き屋根の家は，今ではずいぶん少なくなってしまったが，京都府南丹市美山町には，ほとんどの家が茅葺き屋根の集落がある（61頁写真）。屋根を葺く材料は，集落から川を隔てた約1haのススキ草地からまかなわれている。質の良いカヤ（ススキ）を得るために，草の生育が盛んな夏には，住民総出でススキに絡まったクズなどのツル植物を取り払って管理している。このような手入れがさ

(上)地面から一斉に伸び出すオギの新芽(京都府八幡市 木津川河川敷 2010年 佐藤清悟氏撮影)
(下)調査中の筆者(京都府八幡市 木津川堤防 2010年 佐藤清悟氏撮影)

（上）オギのあいだで盛んに鳴くオオヨシキリ（京都市　桂川河川敷　2013年　佐藤清悟氏撮影）
（下）火入れ後に再生したヨシ原でカヤネズミの巣を見つけた（大阪府高槻市　淀川河川敷　2004年）。

れている茅場は，カヤネズミにとって居心地の良いすみかだ。

冬のカヤ刈り

　冬はカヤ刈りの季節だ。京都市の宇治川河川敷では，冬になると屋根材などを収穫するための「カヤ刈り」が行われる。人の背丈の倍以上のカヤ（主にヨシ）が刈り取られ，束ねられて住居のように立てかけられる。立てかけられたヨシ束の中に子どもたちが入って遊んでいたので，まねをして入ってみた。大人の筆者が寝転がっても十分な広さがあり，ちょっとした"秘密基地"のようだ。地面に

茅葺きの集落と茅場（京都府南丹市美山町 2010年）

茅場のススキに作られたカヤネズミの巣

カヤ刈りで収穫されたヨシ束（京都市　宇治川河川敷　2008年）

は刈り取られたヨシのくずが散らばり，枯れ草の良いにおいがした。ヨシ束は天日で十分乾燥されたのち，三栖神社の祭礼行事である「炬火祭」のたいまつの芯に使われるほか，茅葺き屋根を葺く材料として，各地へ運ばれていく。

　カヤ刈りの最中に，草に絡まったカヤネズミの巣がいくつも見つかるが，これらはすべて使い終わった古い巣だ。刈り取り作業に驚いたカヤネズミが，草むらから飛び出してくるという話も聞く。この地域で毎年カヤ刈りを担っている，「山城萱葺屋根工事」の山田雅史氏によれば，運搬中のヨシ束の中から，カヤネズミが逃げ出したこともあったとか。ちなみに，オギはヨシよりも茎が強いことから，「男ヨシ」と呼ばれるそうだ。

ヨシ束の周りで遊ぶ子どもたち（京都市　宇治川河川敷　2008年）

稲作とカヤネズミ

　稲刈りの時期に畦道を歩くと，田んぼの中に，イネで作られたカヤネズミの巣が見つかることがある。しかし，コンバインで稲刈りをするのが普通になったためか，カヤネズミを知らない農家の人は多い。聞き取り調査で，「カヤネズミの巣を見たことがありますか？」と尋ねても，たいていは「カヤネズミって何？」という，ちょっと残念な答えが返ってくる。

　どこの家でも手作業で稲刈りしていた頃は，カヤネズミは田んぼに普通にいるネズミだった。前述のように昭和20年代以前に生まれ

イネに作られたカヤネズミの巣（写真中央）

た方からは,「稲刈りの手伝いでカヤネズミの巣や子を見た」とか,「稲刈り中に見つけたカヤネズミの赤ちゃんを,手の上に転がして遊んだ」などの,子どもの頃の思い出話をうかがうことがある。また,千葉県八街市では,カヤネズミは「イナッチュネズミ」と呼ばれ,他の種類のネズミと区別されていた。「イナ」は「稲」の意味で,「稲田にすむネズミ」として,人々に認識されていたと考えられる。さらに,イネで作られたカヤネズミの巣は「豊作のしるし」とされ,神棚にお供えする風習が伝わる地域もある。そうした意外に知られていない,稲作とカヤネズミとの関わりを見てみよう。

水田と休耕田の利用スケジュール

人里でくらすカヤネズミの主なすみかは,茅場や休耕田,田んぼ

カヤネズミの巣を探す,全国カヤネズミ・ネットワークのメンバー。この田んぼでは,3個の巣が見つかった(奈良県生駒市 2009年)。

の畦や法面，水路やため池の土手など，田んぼ周りの草丈の比較的高いイネ科草地だ。カヤネズミがイネに巣を作る時期は，一時的に田の水を落として表面を乾かす「中干し(なかぼし)」から，稲刈りまでのあいだに限られる。

　京都府南部の巨椋(おぐら)池干拓地での稲作スケジュールを参考例として，カヤネズミの確認時期を見てみよう（農作業の時期は，地域によって多少ずれる）。稲作の1年は，3月の田起こしから始まる。5月にしろかきで水田に水を入れて耕し，土がならされる。6月の田植えのあとも，まだイネが小さく，田んぼにも水が張られているので，カヤネズミが田んぼに入ることは難しい。7月になり，イネの草丈が1mを超える頃，中干しが行われる。この時期になると，カヤネズミが周辺の草地から田んぼに入り込みやすくなる。その後，稲刈りまでの短い期間に子どもを育て，稲刈りで田んぼを追われて，また周辺の草地に移動する。

　収穫後の稲わらは，一般的には集めて焼かれるが，収穫後の稲わらが放置された田んぼや，田んぼの脇に積まれたわら束は，カヤネズミの越冬場所に利用されることがある。田んぼに散らばった稲わらの中に，半ば埋もれるように作られた，半球状の「球巣ドーム」がぽこぽこできている様子は面白い。また，今では珍しい光景になったが，田んぼの中に稲わらを円錐状に積み上げた「にお」は，かつてはカヤネズミの格好の越冬場所だったようだ。昭和30年代生まれ，またはそれより年配の方にお話を聞くと，子どもの頃に，にをひっくり返して，中からたくさんのカヤネズミがわらわらと逃げ出すのが面白くて，よく遊んだという。[注6]

注6：同時期のイギリスでも，冬に，収穫後の穀物畑に積まれたわら束の中に，多数のカヤネズミが見つかったという報告がある。

	3月	4月	5月	6月	7月	8月	9月	10月	11月	12月
稲作スケジュール	田起こし		種まき	田植え・除草	中干し	イネ開花	畦草刈り	稲刈り・もみすり	出荷	土作り
			しろかき・畦草刈り							
カヤネズミの確認期間					▓▓	▓▓	▓▓	▓▓		
	▓▓			▓▓	▓▓	▓▓	▓▓	▓▓	▓▓	

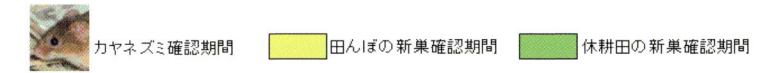

▓▓ カヤネズミ確認期間　　▓▓ 田んぼの新巣確認期間　　▓▓ 休耕田の新巣確認期間

図3-1. 稲作のスケジュールとカヤネズミの確認期間

「はざかけ」のイネに作られた巣

　収穫したイネを天日干しするための道具を「はざかけ」という（地方によっていろいろな呼び方がある）。刈り取ったばかりのイネは水分が多いため、保存を良くするために、穂が付いたまま、地方によっては1ヶ月くらい、はざかけに干す。ゆっくりと自然乾燥させるあいだに、葉や茎の養分をコメが吸収して追熟し、甘みと旨みが増すという。大型乾燥機が普及して、今ではこうした光景が見られる機会も少なくなった。

　はざかけに掛けられたイネに、カヤネズミが巣を作っていたという話がある。見つけた人によれば、はざかけに掛けたときには巣はなかったとのことだったので、稲刈りで田んぼを追われた個体が作ったものかもしれない。逆さにつるされたイネでは、さぞ巣作りしにくかっただろう。

「はざかけ」に掛けられたイネ（黒米）（茨城県土浦市　2005年）

作物への害

「カヤネズミはお米を食べますか？」という質問をよく受ける。全く食べません，と言いたいところだが，実は田んぼに巣を作る際に，少しコメを食べる。ただしイネを食い荒らすような大きな被害はなく，イネに混じって生えるヒエや，イネに付くバッタやイナゴも好んで食べる。ヒエが混じったコメは等級が下がって価格が安くなるし，バッタやイナゴはイネの葉を食害して，イネの成長を妨げる。したがってトータルで見れば，カヤネズミはイネにとって，多少は良い働きをする。

農家の方から「ネズミは作物を荒らすから，田んぼにいるネズミは全部，長靴で泥の中に踏み込んで殺す」という話も聞く。しかし「カヤネズミはお米も食べますが，ヒエやバッタやイナゴも食べます」と説明すると，そんなら良いネズミだねと言われる。益獣とは言えないかもしれないが，害獣とみなすのも正しくない。もし田んぼで見つけたときは，どうか殺さずに見逃してやって欲しい。

ヒエ。イネ科の一年生植物で，代表的な水田の雑草として知られる。穂が出る前はイネと姿形が非常によく似ていて，イネに紛れて成長する。

「球巣お供え」の風習

　新潟県旧黒川村（現在の胎内市）では，1965年頃まで，イネで作られた球巣を「豊作のしるし」として神棚にお供えする風習があった（ただし，カヤネズミの巣とは認識されていなかった[注7]）。また，福井県旧織田町（現在の越前町）でも，「田んぼにカヤネズミの巣を見つけたら豊作」との言い伝えがあったという。いずれも地元で農業をしているおじいさんから聞いた話だが，なぜ「豊作のしるし」なのか，理由は知らないということだった。当地では球巣を「たます」と呼んでおり，「球」＝「タマ」＝「魂」に通じることから，古来より日本に伝わる「稲魂（イナダマ＝イネに宿る精霊）信仰」と何らかの関係があるのかもしれない。

　秋祭りは本来，「稲の魂（イナダマ）を祀るお祭り」だった。イネは神聖な作物で，稲魂を祀らなければ，稲の穂が大きく実らないと考えられていた。資料がないため想像の域を出ないが，カヤネズミの巣を稲魂に見たてて，神様へ捧げたとも考えられる。

「球巣お供え」の風習があったという，新潟県旧黒川村（2000年）

注7：現在，カヤネズミの日本海側における分布北限の確実な記録は，旧黒川村よりもずっと南の旧岩室村（現在の新潟市）となっている。黒川村のおじいさんによれば，「昔は巣を見たが，今はもう見ない」とのことだった。

第 4 章

カヤネズミを取り巻く現状と保護活動

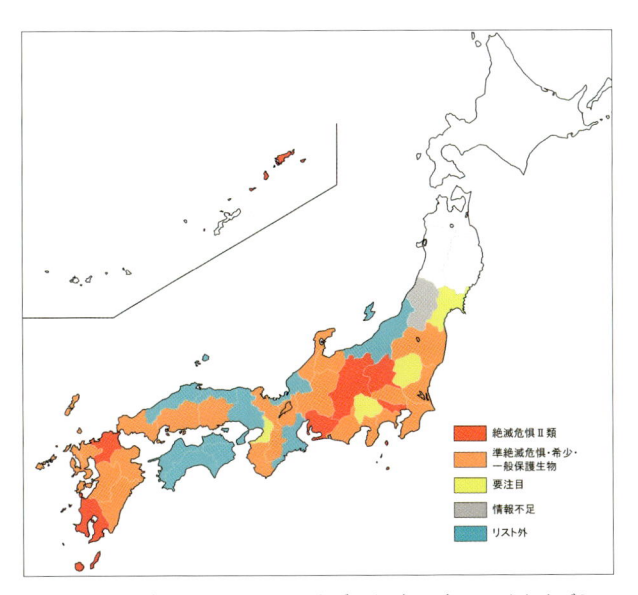

図4-1．都道府県版のレッドデータブック（RDB）でのカヤネズミの掲載状況（絶滅の危険度の高さでまとめて色分けした。カヤネズミが生息していて，RDBに掲載されていない場合は，「リスト外」とした）

凡例：
- 絶滅危惧Ⅱ類
- 準絶滅危惧・希少・一般保護生物
- 要注目
- 情報不足
- リスト外

昭和30年代（1950年代後半～1960年代前半）には，カヤネズミは川原や田んぼなどで，ごく普通に見られる生き物だった。しかし，土地開発や農業の近代化を背景に，生息地の改変が進んだ結果，カヤネズミは国内で生息が確認されている1都2府38県のうち，1都2府28県の「レッドデータブック」注8に掲載されるほどに数を減らされてしまった。

追われるカヤネズミ

　国土交通省の『土地白書』（平成25年版）によれば，国内の草地面積（原野と採草放牧地の合計面積）は，昭和50年（1975年）から平成23年（2011年）までの36年間で，62万 ha から34万 ha へと，半分近くに減少している。かつて日々の生活に不可欠な場所だった茅場は，石油燃料の使用量が増え，配合飼料や化学肥料の普及が進んだ結果，「雑草が生い茂る無価値な場所」となり，住宅や工場に変わっていった。川やため池の土手はコンクリートで固められ，河川敷にはグラウンドや公園が作られた。さらに，人手不足で管理放棄された休耕田や，河川改修で水に浸かりにくくなった河川敷では，クズやネザサや灌木類（ノイバラなど）注9がはびこり，草地の質が変化して，カヤネズミがすみづらい環境になってきた。

注8：レッドデータブック（Red Data Book）とは，絶滅のおそれのある野生生物の情報をまとめた本のこと。都道府県版 RDB では，地域の状況をふまえた評価が行われるため，カヤネズミのように，全国版では掲載されていない種も多く収録されている。

注9：クズ（葛）はマメ科のツル性の多年草。「秋の七草」のひとつとしても知られる。かつては食用や家畜飼料として利用価値の高い植物だったが，人々の生活の変化でその価値が失われ，現在はやっかいな害草とみなされている。

従来の河川改修は，治水や利水を目的として行われてきた。しかし生態系保全の視点で見れば，大規模な河川改修によって河川敷が水に浸かりにくくなり，土壌の乾燥化が進んだ。河川敷が乾燥すると，湿った土壌を好むオギやヨシは育ちにくくなり，乾燥した土壌を好むクズなどが増えやすくなる。クズはオギなどの他種の植物に巻き付いてマント状に広がるため，他の植物の成長を妨げ，酷い場合は枯らしてしまう。さらに，河川の改修工事で土がむき出しになった場所には，セイタカアワダチソウなどの外来植物が入り込みやすくなる。京都府の桂川にある筆者の調査地では，2002年頃からオギ群落がクズに覆われる場所が徐々に増え，2000年から2005年までの5年間で，年間のカヤネズミの営巣数が339個から119個へと，約1/3に減ってしまった。

　本章では，このようなカヤネズミを取り巻く厳しい現状に対して，筆者が取り組んできた保護活動について紹介する。

滋賀県レッドデータブックのカヤネズミ調査で訪れた日野川。両岸の河川敷の草地は消失し，土手はコンクリートで固められていた（滋賀県近江八幡市　日野川河川敷　1999年）。

（上）春に川沿いを黄色く染めるセイヨウカラシナは，もともと人の手で蒔かれたタネが育ち，自然に広がったものだ。遠目に見るときれいだが，実際には草丈2m以上のおばけ植物に育ち，他の植物を圧倒する（京都市　桂川河川敷　2000年）。
（下）オギに巻き付いたクズ（京都市　桂川河川敷　2005年）

(上) 桂川の調査地の1画。手前にはエノコログサ，奥にはオギがまとまって生えている（京都市　桂川河川敷　2000年）。
(下) 8年後（2008年）。すっかりクズに覆われてしまった。

カヤネズミの保護活動

　筆者が1999年にカヤネズミの保護活動に取り組み始めて，今年（2013年）で15年目になる。研究を始めたのは，その前の年なので，保護活動と研究をほとんど一緒にやってきたことになる。取り組みを始めた当初は，国内のカヤネズミの生息情報は非常に少なく，断片的な分布しかわかっていなかった。保護活動もあまり行われておらず，カヤネズミを守ることへの人々の関心も，今よりずっと低かった。そのような状況の中で，最初は1人で，そののちに全国カヤネズミ・ネットワークを立ち上げて，カヤネズミを守るための調査や普及啓蒙活動を進めてきた。そういう訳で，本章でカヤネズミの保護活動のあらましを紹介するにあたり，「私」の視点からお話することをご承知いただきたい。

地面を覆ったクズを刈り取る筆者（京都市　桂川河川敷　2005年）

　よく「何でカヤネズミを守ろうと思ったんですか？」と聞かれるのだが，一言で答えるのは難しい。というのは，もともとカヤネズミを守ろうと思って研究を始めたのではなかったからだ。それでは，カヤネズミを守ろうと思ったきっかけは何か，そ

注10：環境庁（現環境省）の第4回自然環境保全基礎調査（緑の国勢調査）（1993年）では，カヤネズミの評価は「情報不足」，日本哺乳類学会が作成した哺乳類レッドリスト（1997年）でも，「不能」（情報不足で絶滅の危険度を判定できない）という評価だった。ほとんどの都道府県では，RDBそのものがまだ発行されておらず，カヤネズミの都道府県版RDBへの掲載は，東京都（1998年），神奈川県（1995年），熊本県（1998年）にとどまっていた。

して彼らのくらしを守るために，筆者自身がどんなことをしてきたのか，順を追ってお話しよう。

私の保護活動の原点

　筆者が大学院の修士課程の研究テーマにカヤネズミを選んだのは，実のところ強い熱意や深い考えがあったわけではない。たまたま以前に観たTV番組の「草の上に巣を作る，変わったネズミ」が強く印象に残っていたからだった。「ネズミなのに，何で草の上に巣を作るんだろう？　どうやってくらしているんだろう？」とすごく不思議で，自分の目で確かめたいと思った。カヤネズミをやりたいです，と研究室の先生に伝えると，今，研究室でカヤネズミを研究している人がいないということで，すんなりOKが出た。先生からカヤネズミについて書かれた数冊の文献を渡され，調査地を探すことから研究が始まった。とはいえ，当時，国内のカヤネズミの生息情報はあまりにも少なく，しかも野生のカヤネズミどころか，巣すら見たことがなかった筆者にとって，それは雲をつかむような作業だった。それでも，講義の合間に大学の近くを流れる大和川の草むらを探し回ったり，講義のない日は車を走らせて，オギやススキやヨシの草むらがあれば車を止めて分け入って，ひたすらカヤネズミの巣を探し歩いた。探した場所は，道路地図にペンで赤線を引き，地図が真っ赤になった。　最初の半年間で，　車の走行距離は6,000 kmを超えた。

　1998年の6月には，京都府京田辺市の休耕田で，初めてカヤネズミに出会った。ほんの一瞬だったが，緑の葉の間にちらっと見えた，オレンジ色の毛並みの美しさに感動した。しかし，次に訪れたときには，一帯の草がすべて刈られ，巣も，カヤネズミも見あたらなか

った。他にも，ぽつぽつと巣が見つかる場所はあったが，論文のデータにするには，たくさんの巣を観察できる場所が必要だった。そうしてあちこち探し回って，8月の終わりにやっと，京都府京田辺市の山間部にまとまった営巣場所を見つけ，そこを調査地に決めた。土地の持ち主に許可を得て，車の中で寝泊まりしながら，秋の終わりまで母子の様子を追い，きょうだいの成長を見守った。

　翌年の3月，再び調査地に向かった。今年1年，またカヤネズミの母子に会えるかと思うと，わくわくした。ところが，調査地に続く道を上りきった場所には，オギもススキもなく，うずたかく積まれた泥の山に変わっていた。

　「なんや，これ」。ショックで，その場にへたり込みそうになった。それでもなんとか自分を励まして山を下り，土地の持ち主に事情を

初めてカヤネズミを見つけた休耕田。白いチガヤ群落の脇で手を挙げている人物は筆者（京都府京田辺市　1998年）。

聞いた。すると，開発工事で出た残土置き場に貸して欲しいと工事業者に頼まれたこと，そして，「そんなに貴重なネズミやったら，（業者に）貸さんかったのに」と話してくれた。

　筆者は，その言葉を苦い思いを噛みしめながら聞いていた。ネズミの調査をするとは伝えていたが，探してもなかなか見つからない，貴重なネズミだとは言わなかった。土地の持ち主が誰かに話して，興味本位で調査地に立ち入られたり，子どもが連れ去られるのを警戒したからだ。自分がきちんと伝えていたら，母子のすみかはつぶされなかった。そう思うと，悔しかった。それと同時に，気がついた。カヤネズミがくらす草むらは，人にとってはたいして価値がない。「知らなければ，簡単に失われる」ものなのだ。思い返すと，これまでに巣を探し歩いた河川敷や農地では，頻繁に草が刈られたり，公園やグラウンドとして整備されていたり，すぐそばまで工事のブルドーザーが迫っている場所もあった。「昔，カヤネズミや巣を見た」と人に聞いて訪れた場所は，すでに住宅や工場に変わっていることも少なくなかった。もし日本中がこのような状況だとしたら，カヤネズミはあっというまにいなくなってしまうだろう。このままではダメだ。なんとかしなければ。

　このとき以来，カヤネズミのために，自分に何かできることはないだろうかと考えるようになった。

注11：第2章「招かれざる客」参照。

緑の 屍（しかばね）

　1999年6月12日，筆者は調査のため，京都府八幡市の木津川の堤防に向かっていた。最初の調査地がなくなってしまったため，前の年の秋に20個の巣を見つけていたこの堤防の法面を，新しい調査地にしたのだった。調査は順調だった。5月13日に初めて新巣を確認してから，6月9日までに13個の巣が作られていた。5月27日には，最初の繁殖も確認した。

　ところが調査地に到着すると，信じられない光景が広がっていた。「草がない……！」青々としていた堤防の法面は，残らず草が刈り取られ，地面に散らばった草は枯れて変色しかかっていた。調査地のあまりの変わりように呆然としながら，子育て中だった巣があった場所に向かうと，刈り倒されたオギの中に巣がぽつんと転がっていた。風雨の中，子どもたちを守った，あの肝（きも）っ玉（たま）かあさんの巣だった[注12]。恐る恐る巣を開いてみると，中は空だった。堤防の端から端まで探したが，見つかったのはこの巣だけだった。刈られた草は，運び出されて焼却される。おそらく，他の巣は草と一緒に焼かれてしまったのだろう。

　実はこの堤防では，前年の11月末に草刈りが行われていた。その年の秋に見つけた巣も刈られてしまったが，繁殖後に草刈りするなら，調査には差し支えないだろうと思っていた。まさか，繁殖期が始まったばかりで巣が全滅するなんて。

　さすがにショックだったが，研究室の先生に状況を報告したところ，河川を管理している建設省（現国土交通省）に，草刈りの延期を頼んでみたら？とアドバイスを受けた。そして，続けてこう言わ

注12：第2章「警戒距離」参照。

れた。「カヤネズミだって草刈りされても必死に生きてるんだからね。君も必死になんなきゃ，ダメだよ」

　先生の言葉に励まされて，建設省の担当者に面会の連絡を取った。堤防でカヤネズミが繁殖していることを伝えて，繁殖期が終わるまで草刈りを待って欲しいと必死で頼んだところ，なんとか了承が得られた。その後，京都市の桂川で見つけた営巣場所を3番目の調査地にして，そこに通いながら，時折，堤防の様子を見にいっていた。再び巣が作られたのは8月の終わりだったが，その後はぽつぽつと

（上）草刈り機で丸坊主にされたカヤネズミの生息地（京都府八幡市　木津川堤防　1999年）
（下左）堤防の草刈り作業に使われる除草機械。車体の下に草を巻き込みながら，広い面積を一気に刈り取っていく。（下右）刈り倒された草の上に転がっていた，肝っ玉かあさんの巣

第4章　カヤネズミを取り巻く現状と保護活動

巣ができてきて，秋には繁殖も確認できた。

　この出来事があり，カヤネズミのために何かできないかという思いは，ますます強くなった。そしてまた，草刈りとカヤネズミのくらしが両立できないものかなぁ，と考えるようになった。

ないないづくしの中で生まれた「全国カヤマップ」

　立て続けに2つの調査地を失ったあと，運良く3つ目の調査地が見つかり，そこで観察を続けながら，筆者はどうやったらカヤネズミの生息地を守れるかをずっと考えていた。カヤネズミに限らず，野生生物の生息地を守るためには，最低限，その種がどこに生息しているか（分布情報）を把握する必要がある。しかしカヤネズミの場合，すでに公開されている環境庁（現環境省）のデータ（自然環境保全基礎調査）では，だいたいの位置しかわからないので，地域の保全には使いにくい。その上，調査は数年に1回なので，カヤネズミの生息地の消失のスピードに対応できない。それなら自分でデータを集めよう，そして毎年情報を更新すれば良い。そう決意した。

　とはいえ，自分1人で日本全国を回って生息状況を調べるのは，調査量が膨大すぎて現実的ではない。そもそも学生の身で，フィールドワークで1週間のほとんどを調査地の草むらに埋もれて過ごしている自分には，余分な時間もお金も，人を動かす力もなかった。行き詰まりかけて，ふと考えが浮かんだ。自分自身の目で日本中を見て回ることが無理なら，「目」を増やせばいい。日本中の人に呼びかけて，カヤネズミを探してもらおう。そのために，たくさんの人が気軽に調査に参加できる仕組みを作ろう。そして，調査結果がひと目でわかるように，地図化して公表しよう。自分の住んでいる地域にカヤネズミがいることがわかれば，知らずに壊される生息地

がひとつでも減るかもしれない。

1999年8月、全国規模のカヤネズミの生息分布調査「全国カヤマップ」は、こうして始まった。カヤネズミの生息を確認する1番簡単な方法は、巣（球状巣）を見つけることだ。そこで、調査参加者募集のお知らせと一緒に、巣を見つける手がかりになる情報を掲載した。調査項目は、「生息状況がわかり、データとしてまとめやすく、誰でも回答可能なこと」を念頭に置き、「発見日」「発見場所」「発見物」「発見状況」の4項目に絞った。さらに、情報の信頼度を高めるために、できるだけ発見物の写真かイラストを一緒に送ってもらうことにした。参加の呼びかけと結果の公表には、当時、一般家庭にも普及し始めたインターネットを活用した。インターネットは情報の差し替えが容易なので、情報の鮮度を保ちやすい。また誰でも自由にアクセスできるので、短期間に広く情報を集めやすく、調査結果の閲覧も気軽に行える。さらに、調査を続けて複数年の情報を蓄積すれば、そのまま分布情報のデータベースとして地域の保全に活用できる。

誰にも相談せずに1人で始めたことだったが、失敗したり、誰かから批判されたらどうしようなどということは一切考えなかった。

3番目の調査地。その後長く調査を行い、筆者のメインフィールドになった（京都市　桂川河川敷　1999年）。

注13：調査の存在を多くの人に知ってもらうために、自然保護団体の会報誌や行政の機関誌に調査のお知らせを掲載してもらうなど、インターネットを利用しない人への広報もできる限り行った。

とにかく，せめてカヤネズミの生息状況の危険度が評価できるだけの情報を集めたいという一心だった。同じ研究室のメンバーからは，「情報の穴埋めなんて意味あるの？」と言われたり，一部の行政機関は，こちらの問い合わせに回答がなかったり，「情報はありません」という一言だけが返ってきて，ちょっとがっかりすることもあったりしたが，4ヶ月の調査期間で，1都2府27県268件の生息情報[注14]が得られた。筆者の思いに共感したという声や，暖かい励ましも寄せられた。

　2000年1月，『全国カヤマップ1999年度版』が完成した。公開直後から，驚くほど多くの反響があった。市民のみなさん，自然保護団体，博物館，行政の関係者の方々，学校の先生，筆者と同じように，学生や研究者の立場から生物分布調査に関わっている人，いろいろな人から，励ましや新たな情報提供が寄せられた。

　その後，毎年度の更新を重ねて，2008年度版の公開を最後に，更新を休止した。1999年から2008年までの10年間の調査で，北海道・青森県・秋田県・岩手県・山形県・沖縄県を除く1都2府38県から，3350件の生息情報が集まった。それまで分布状況が不明だった多くの地域で，生息状況が明らかになったことは，大きな成果だった。また，全国カヤマップの調査結果をまとめた冊子（『全国カヤマップ特別版』）は，複数の都道府県のRDBや学術論文，報告書などに，参考資料として引用されている。さらに，調査の参加者から，データと一緒に，カヤネズミへの思いを込めたメッセージが届くこともあった。いくつか紹介すると，

　・カヤネズミや巣を見つけて感動した。子どもたちにもぜひ伝え

注14：文献や博物館の資料等の，過去の生息情報を含む。

たい。
・巣を見つけた場所が壊されて悲しい。
・データを集めて行政に保護を訴えたい。
・草刈りや稲刈りのときに，巣に気を付けるようになった。
・巣のあった場所の草を刈り残すことにした。
・カヤネズミに会うことを楽しみに今後も調査を続ける。
・カヤネズミがいつまでも棲めるようにヨシ原を守りたい。

などだ。調査に参加した方々が，自然保護活動の実感を得られ，カヤネズミとカヤ原の保全について意識を高められたことは，全国カヤマップのもうひとつの大きな成果だと感じている。

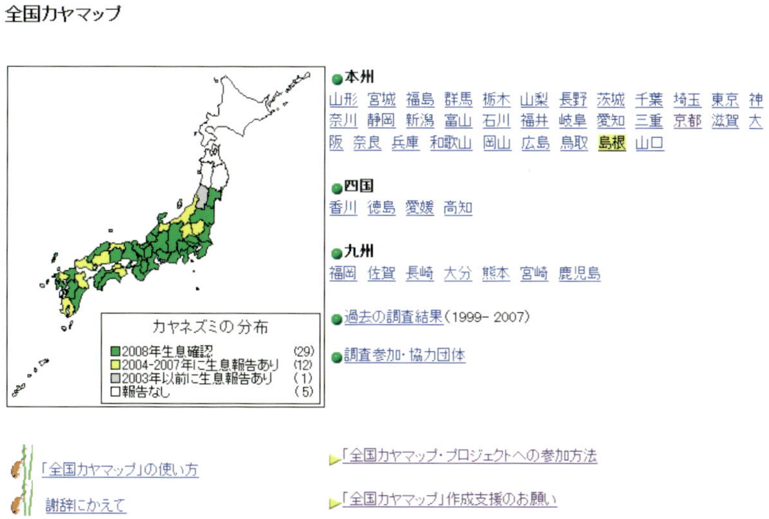

図4-2．「全国カヤマップ」トップページ
トップページには，カヤネズミの生息が確認された年によって，都道府県を色分けした日本地図を表示させた。表示方法など当初と変えた部分もあるが，基本的な項目や仕組みは変えていない。最新版は全国カヤネズミ・ネットワークのホームページから見ることができる。
(http://kayanet-japan.com/ 以下同)

第4章 カヤネズミを取り巻く現状と保護活動

<京都府>

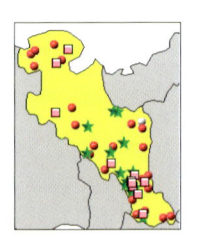

確認年	市町村	確認場所	発見物	発見時の状況等	情報のソース
2008	亀岡市	林道脇	巣	2個確認。巣材はカヤで昨年のものです。	提供情報
2008	京都市	宇治川河川敷	巣	オギ群落のオギに1個。昨年の古巣。ヨシ刈りのイベントで発見。	カヤネット
2008	八幡市	木津川堤防	巣	巣材：ホソムギ主体＋ヨシの葉。1999年からカヤネズミの営巣場所の保護のために、国交省に除草時期を配慮して貰っている場所。	カヤネット

図4-3．全国カヤマップ京都府のページ
トップページの都道府県名をクリックすると，各都道府県のページが表示され，最新6年分の発見場所の情報が見られる。それ以前の情報は，データの更新ごとに差し替えられ，「参考資料」のページに蓄積される。カヤネズミの生息地保護のため，発見場所の情報は基本的に市町村名と生息環境にとどめている。

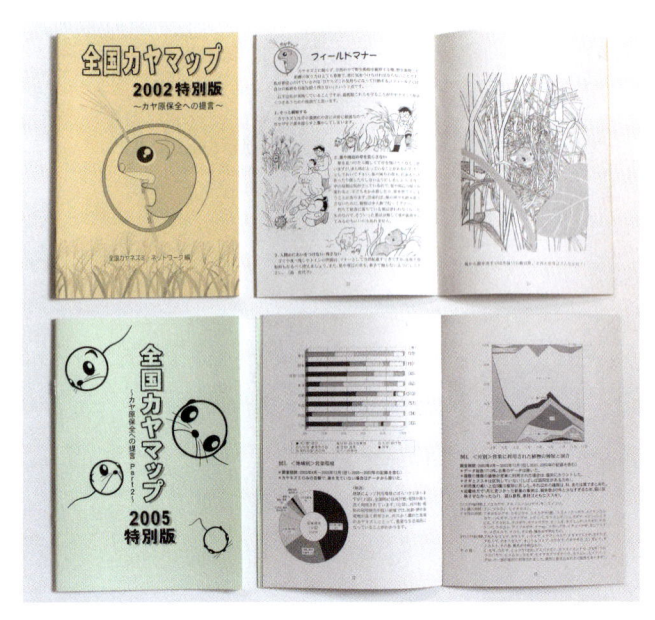

『全国カヤマップ2002特別版』（上）と『全国カヤマップ2005特別版』（下）。調査結果のほか，調査や保護に役立つ情報を収録している。

個人から市民ネットワークへ
——「全国カヤネズミ・ネットワーク」の設立

　全国カヤマップ2000年度版の公開後，今後も長く調査を続けるにはどうすれば良いだろうと考えた結果，市民活動として継続させる道を選んだ。個人よりも団体の方が，活動の支援も受けやすいだろうし，インターネットを活用して，会員同士で情報や問題をリアルタイムで共有すれば，知識も深まり，調査や保全活動の意欲も高め合えるだろう。そう考えて，カヤネズミの保全に関心を持つ人を会員に募り，2001年7月，「全国カヤネズミ・ネットワーク」（略称：カヤネット）を設立した。

　2002年以降は，カヤネットの活動の一環として，全国カヤマップの作成を行ってきた。それまで団体を運営した経験などなかった筆者には，すべてのことが試行錯誤の連続だったが，データ整理やマッピングを手伝ってもらったことに始まり，調査のサポートツール（「営巣報告入力フォーム」と「営巣植物 Web 図鑑」）の作成，『全国カヤマップ特別版』やポストカードの出版，さらに，地域の団体と連携した生息調査の実施やフォーラム・シンポジウムの開催

全国カヤネズミ・ネットワークのロゴマーク。作成者は相模原市立博物館の秋山幸也氏。カヤネズミがススキにつかまり，尾で水の玉を抱いているイメージで，カヤネズミと草地と水環境を表現している。「カヤチュッ」は筆者のインターネット上の活動名として作った造語。カヤネズミとネズミの鳴き声（チュウ）を引っかけた。

など，筆者個人では成し得なかった，さまざまな活動につながった。

　カヤネットに入会する人の動機もさまざまだ。自分の地域のカヤネズミの生息地を守るためにアドバイスを受けたいという人，カヤネットの調査会に参加して，巣を探す楽しさにハマった人，とにかくネズミが好きだという人，自分の地域に「カヤマップの緑の星」（調査した年に生息を確認した地点のマーク）をつけたい！と言って入会した人もいる。年齢も職業もバラバラだが，みんなカヤネズミのために何かしたいと考えている人たちだ。

　カヤネットの設立をきっかけに，カヤネズミの保護活動は，インターネット上に限定されていた活動から，実地の活動へ広がってきた。そうして取り組んできた活動が，他に活かされた例もある。環境省が2003年から実施している「モニタリングサイト1000」（以下，モニ1000）[注15]は，湿地や里地や森林などの国内の多様な生態系を対象として，全国1000ヶ所で100年間モニタリングを行い，野生生物の減少や生息環境悪化の原因を把握することを目的としたプロジェクトだ。カヤネズミは，特定の草本植物を営巣に利用するため，生育環境の変化（悪化）が個体数の減少につながりやすいことから，里地の草地環境を指標する種に選ばれた。カヤネズミ調査の方法は，全国カヤマップの調査方法がもとになっている。筆者は2006年から，里地調査の検討委員として，カヤネズミの調査マニュアル作りや調査講習会などに関わっており，カヤネットのメンバーにも，それぞれの地域で，モニ1000のカヤネズミ調査に参加している人たちがい

注15：正式名称「重要生態系監視地域モニタリング推進事業」。調査の概要は，以下のWebサイトで閲覧できる。
　　　モニタリングサイト1000（http://www.biodic.go.jp/moni1000/）
　　　モニタリングサイト1000里地調査（http://www.nacsj.or.jp/project/moni1000/）

る。こうした「点と点を結ぶ取り組み」が各地で広げられ，地域を越えた環境保全の取り組みのネットワークがさらに拡大していくことを期待したい。

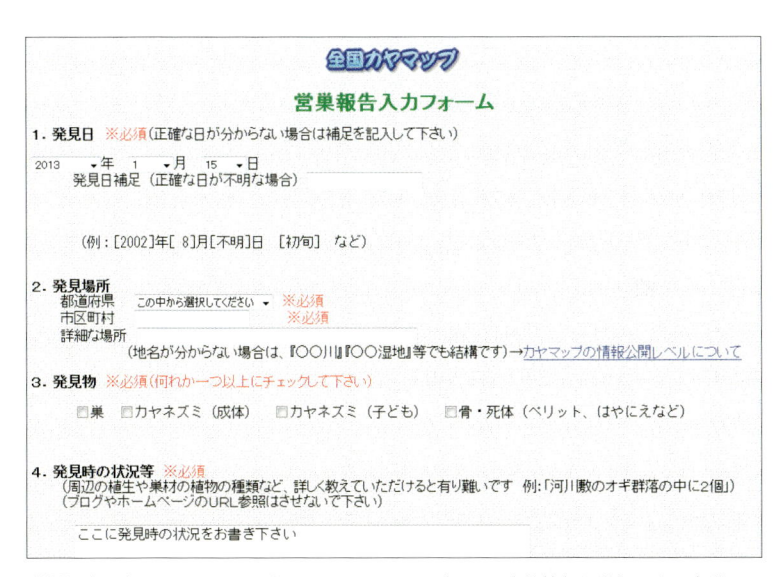

営巣報告入力フォーム。カヤネットのホームページから，直接情報を送信できる自動データ入力システム。入力されたデータは，エクセルで扱いやすい形に自動的に成形され，電子メールでデータ管理者に送られる。

営巣植物 Web 図鑑。カヤネズミの巣の材料に使われる植物の中で，代表的な植物と近縁種を見分けるポイントを紹介している。

富山県で実施した合同調査のメンバー（参加団体：全国カヤネズミ・ネットワーク，富山市ファミリーパーク，富山県自然博物園ねいの里）。富山県で初めてカヤネズミの繁殖を確認する成果を上げた。前列右端が筆者（富山県小矢部市　2003年）。

カヤネズミを飼うということ

　2001年10月13日，大阪府の淀川河川敷でカヤネズミの子どもが保護され，筆者の元に持ち込まれた[注16]。巣の中には，まだ目も開かない状態の子が7頭もいた。発見場所は，淀川河川敷の中でも特に不法耕作が横行している場所で，耕作地を広げるために，巣ごとオギを刈り倒したらしい。河川を管理している国土交通省は，河川敷での耕作を禁止しているが，不法耕作は跡を絶たない。

　3時間おきに1頭ずつ指に乗せてミルクを吸わせ，オシッコとウンチの世話をした。すべての子どもの世話を終えると，すぐに次の給餌時間になるので，数日間はほとんど眠れなかった。つきっきりで世話をしたが，きょうだいの中で1番小さかった子は，体重が増えず保護から数日で死亡。生後2ヶ月を過ぎた頃に，さらに2頭が立て続けに死んだ。残りの4頭は無事育ったが，1年を越えて生きたのは2頭だけだった。

　12，3年ほど前から，外国産のカヤネズミが，インターネットを通じて販売されている。輸入個体を販売・飼育すること自体は違法ではないが，筆者はカヤネズミをペットとして飼うことには反対だ。カヤネズミは人に慣れないので，基本的にペットには向かない。目の開かない頃から育てても，離乳食をやめ，自分で餌を食べるようになると，人を怖がるようになる。また，外国産のカヤネズミがもし逃げ出せば，日本のカヤネズミと交雑する危険性があるし，日本のカヤネズミが抵抗力を持たない，未知の病気が広がるかもしれない。さらに，他のノネズミと同様に，カヤネズミにもダニが寄生しているので，ダニが媒介する病気が人に感染する可能性もある。

注16：当時はカヤネズミを含むネズミ類の捕獲や飼育は自由だったが，2013年現在は鳥獣保護法の改正により，許可なく捕獲や飼育することは禁止されている。

団子状になって寄り添う7頭のきょうだい。保護されたときは生後8日目くらいだった（2001年10月15日撮影）。

保護7日目。離乳食を食べている。

また，カヤネズミをはじめ小動物は，海外から輸送される間に死ぬ個体が非常に多い。狭い飼育ケージに詰め込まれたストレスで攻撃的になり，相手に死ぬほど深い傷を負わせることもある。ペットショップに売られているカヤネズミは，運良く生き残ったほんの一握りの個体なのだ。そして，どんなに大事に飼っても，2年くらいで死んでしまう。

　この本を読んで，「可愛いから飼ってみたい」と思う人もいるかもしれない。しかし，小さなネズミとはいえ，野生動物を飼育するのはそんなに簡単なことではない。安易にペットショップで買い求める前に，まずフィールドに出かけていって，自分の目でカヤネズミの暮らす環境，すみかや食べ物を観察してみて欲しい。カヤネズミ・ウォッチングまでにとどめることが，彼らを絶滅から救うことにつながるのだ。

草刈りとカヤネズミのくらしを両立させるには

　草で覆われた堤防の法面には，昆虫やカエルやトカゲ，小鳥，ネズミやモグラの仲間など，意外に多くの生き物が生息している。ただし，1級河川の堤防では，通常年に1〜3回，管理のために除草される。作業は大型機械で行われ，1度に大面積の草が刈り取られ，焼却される。このような大規模な刈り取りは，カヤネズミをはじめ，堤防の草地に生息している小動物のすみかを一瞬にして消失させるため，個体群に与えるダメージが大きい。人のくらしを守るために行われる草刈りと，カヤネズミのくらしを両立させるにはどうすれ

注17：例えば，日本鱗翅学会が作成した『日本産蝶類県別レッドデータ・リスト』（2002年）では，福島県のツマグロキチョウとヒメシロチョウの個体群減少の要因として，堤防の全面除草が挙げられている。

ば良いのだろう。京都府の木津川の堤防で調査中だった巣が，草刈りで全滅して以来，ずっと考え続けていた。[注18]

　2004年，その問題の解決につながる機会が得られた。5年前と同じ調査地で，カヤネズミの生息にできるだけ影響を与えない草刈りの方法を調べることになったのだ。堤防の草刈りは，法面の管理のために必要な作業だが，草がなくなるとカヤネズミは巣作りができなくなる。そこで，国土交通省淀川河川事務所の協力を得て，これまでのように1度に全部草を刈らずに，何度かに分けて刈り取りを行い，カヤネズミが避難できるスペースを残した。その結果，1度に全部草を刈っていた年と比べて，巣の数が飛躍的に増え，カヤネズミの生息地の保全に効果があることがわかった。また，これまでの全面刈り取り時には見られなかった，セッカの巣が見つかったことも，うれしい発見だった。カヤネズミのための草刈りの方法は，セッカにとっても，良い影響を与えたのだ。

　繁殖期の草刈りは，カヤネズミにダメージを与えるので，できるだけ避けるべきだ。ただし，繁殖期にどうしても草刈りをしなければならない場合は，1度に全部草を刈らずに，何度かに分けて刈り取りを行い，カヤネズミが避難できるスペースを残すことで，カヤネズミへの影響を小さくできるだろう。この結果を受けて，木津川の調査地では，現在もカヤネズミに配慮した草刈りが行われている。野生動物の保護というと，難しく考えたり，面倒と思われがちだ。しかし，何度かに分けて草刈りをするといったような，ちょっとした配慮で，生息状況が大きく改善することがある。各地で行われている草刈りでも，ぜひこうしたカヤネズミをはじめとする，草地に

注18：「緑の屍」参照。

すむ小さな生き物のための配慮が行われて欲しい。

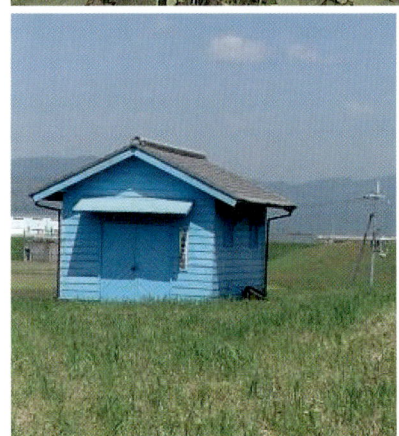

（上）カヤネズミの生息に配慮した刈り方の例。まず堤防の下半分を刈り，刈られた部分の草丈がある程度回復してから，上半分を刈る（京都府八幡市　木津川堤防　2005年）。
（下左）繁殖期を避けた，春の刈り取り直後の草丈　（下右）巣作り開始時期の草丈

あとがき

　子どもの頃，日曜日になると，よく父が山や川に遊びに連れていってくれました。また，祖父が京都の西にある苔寺の近くに畑を借りていて，畑の作業を手伝い半分，近くの小川でサワガニやトノサマガエルやイシガメを捕まえたり，草花を摘んで花飾りを編んだりして遊びました。京都の町のどまんなかに生まれ育った割には，自然や野生動物は，私にとって身近な存在だったように思います。
　あるとき，畑の近くの小川で護岸工事が始まりました。しばらく経って，コンクリート製の護岸が完成すると，以前はさかんにフィフィフィ……と美しい声で鳴いていたカジカガエルの声が，ぱったり止んでしまいました。それ以降，その小川では二度と彼らの鳴き声を聞いていません。今思えば，あんな小さな小川を，がちがちにコンクリートで固める必要が本当にあったのか，疑問です。
　大学を卒業後は，一般企業で働いていました。しかし子どもの頃に抱いていた野生動物を守る仕事がしたいという思いが消えず，一念発起して退職し，大阪市立大学大学院理学研究科に入りました。当時は，野生動物の保護保全を看板に上げる研究室はとても少なく，哺乳類の行動生態研究を行っている動物社会学研究室に籍を置き，そしてカヤネズミと出会いました。本書の第4章に詳しく書きましたが，研究を始めてまもなく，行動生態の研究だけではカヤネズミの生息地を守れないと気づき，研究と平行して，保護活動に取り組み始めました。以来，カヤネズミのことをずっと考えながら歩いて

来て，未だに縁が切れません。

　私のブログ「カヤ日記」は，カヤネズミの存在を多くの人に知ってもらうためと，フィールドワークの覚え書きを兼ねて，1998年に始めたものです。本書のエピソードの1/3くらいは，もともと「カヤ日記」で書いていた内容を下敷きにしましたが，文章には大幅に手を入れています。写真を選んだり，文章をまとめ直すのは，大変でしたがとても楽しい時間でした。

　カヤネズミだけでなく，かつて身近な存在だった野生動物が，どんどん姿を消しています。私が子どもの頃に山や川で遊んだ生き物たちも，今ではその多くがレッドリスト種になってしまいました。「世の中はすっかり便利になったけど，気がつけば生き物の姿がどこにもなかった」なんていう未来は，来て欲しくありません。100年後の世界でも，やっぱりカヤネズミはカヤ原で元気に子どもを育てていて欲しいと思います。

　18世紀のスコットランドの詩人，ロバート・バーンズは，「鼠〔ねずみ〕に寄す」という詩の中で，次のように言葉を紡いでいます。

　　私はほんとに悲む，人間の支配が
　　自然の社会的和合を破つて仕舞つた事を，
　　又あの悪評を當〔あた〕ててゐるとする事を，
　　　　　其の為めにお前は私を見ると吃驚〔びっくり〕して逃げ出す，
　　同じく地から生まれたお前の憐れな仲間，
　　　　　又共に死なねばならぬ者を見て！

　　時には私だつて疑はない，お前の盗む事を。
　　けれども其が何だ？　可哀さうな小つちやな獣よ，お前も生き

ねばならぬ！
二十四束の中からの時折りの一穂(ひとほ)位ゐは
　　いとも僅かな求め。
残りの物で楽々と暮して行くことが出来るのだから，
　　惜しくも無い！

　　　　　（中村為治訳『バーンズ詩集』岩波文庫。著作権継承者掲載承諾）

　バーンズの詩に登場するネズミがカヤネズミかどうか不明ですが，彼の「小っちゃな獣」に対する温かいまなざしは，身近な生き物を守る上で，とても大切な視点だと思います。バーンズが詩に詠んだように，その存在を知られないまま，ひっそりと消えていく生き物たちに，ほんのちょっぴり思いを寄せてもらえるとうれしいです。人が野生動物に「ちょっとだけゆずる」気持ちが，野生動物を守る1歩につながります。

　最後になりましたが，本書の出版にあたっては，多くの方々にお世話になりました。中学時代からの友人である荒木慈さんには，本書の出版のきっかけをいただきました。リバー・フィールドの河野久美子さん，全国カヤネズミ・ネットワーク会員の佐藤清悟さん，澤邊久美子さん，辻淑子さん，山田勝さんには，素晴らしい写真をご提供いただきました。厚くお礼申し上げます。また，出版にご尽力いただいた世界思想社の皆様に，深く感謝申し上げます。そして，私のフィールドワークの最初の協力者であり，本書の原稿の最初の読者であった夫へ「ありがとう」。

　　　　　　　　　　　　　　　　　　　　　　2013年11月3日
　　　　　　　　　　　　　　　　　　　　　　畠　佐代子

主要参考文献

Corbet G C (eds.) (1991) *The Handbook of British Mammals* 3rd ed. Blackwell, Oxford.

Dickman C R (1986) Habitat utilization and diet of the harvest mouse *Micromys minutus*, in an urban environment. *Acta Theriologica* 31：249-256.

藤塚治義・畠佐代子・繁田真由美・山本聡子 (2003) 新潟県におけるカヤネズミの新産地および分布の現状．柏崎市立博物館館報17：59-65.

福田久美子・日高敏隆 (1982) カヤネズミの infant call について．動物学雑誌91(4)：636.

ギルバート・ホワイト (1997)『セルボーンの博物誌』(新妻昭夫訳，小学館)

Grzimek B (1990) *Grzimek's encyclopedia of mammals* Vol. 3. McGraw-Hill, New York.

萩原秀三郎 (1996)『稲と鳥と太陽の道―日本文化の原点を追う』(大修館書店)

Harris S (1979) History, distribution, status and habitat requirements of the Harvest mouse (*Micromys minutus*) in Britain. *Mammal Review* 9：159-171.

Hata S (2000) Breeding Ecology of the Harvest Mouse, *Micromys minutus* along Katsura and Kizu Rivers in Kyoto Prefecture. 大阪市立大学修士学位論文，39pp.

畠佐代子 (2004) カヤネズミの保護．生物の科学 遺伝58(1)：83-87.

畠佐代子 (2009) 河川生態系の保全を考える．河川レビュー144：34-40.

畠佐代子 (2011) カヤネズミと里山とのかかわり．Biophilia7(2)：17-20.

畠佐代子 (2011) カヤネズミ (*Micromys minutus*) の営巣特性の解明とその活用による生息地の保全に関する研究．滋賀県立大学博士学位論文，94pp.

畠佐代子・三谷功・上野山雅子・川道美枝子・千々岩哲・川道武男 (2003) 中池見湿地におけるカヤネズミの巣分布と資源利用．国立環境研究所研究報告176：209-223.

Hata S, Sawabe K, Natuhara Y (2010) A suitable embankment mowing strategy for habitat conservation of the harvest mouse. *Landscape and Ecological Engineering* 6:133-142.

Ishiwaka R, Mōri T (1998) Regurgitation feeding of young in harvest mice, *Micromys minutus* (Rodentia: Muridae). *Journal of Mammalogy* 79(4):1191-1197.

神奈川県立生命の星・地球博物館編（1995）『神奈川県レッドデータ生物調査報告書』（神奈川県生命の星・地球博物館）

環境庁自然保護局（1993）第4回自然環境保全基礎調査動植物分布調査報告書（哺乳類）．221pp.

川道武男（1994）『ウサギがはねてきた道』（紀伊國屋書店）

川道武男編（1996）『日本動物大百科1』（平凡社）

国土交通省（2013）平成25年度版土地白書，233pp.

熊本県希少野生動植物検討委員会（1998）『熊本県の保護上重要な野生動植物──レッドデータブックくまもと─』（熊本県）

宮原義夫（2003）『ススキの原の小さな住人 カヤネズミの話』（上毛新聞社）

水本邦彦（2003）『草山の語る近世』（山川出版社）

村田浩平・野原啓吾・阿部正喜（1998）野焼きがオオルリシジミの発生に及ぼす影響．昆蟲．ニューシリーズ1(1):21-33.

日本哺乳類学会編（1997）『レッドデータ日本の哺乳類』（文一総合出版）

日本鱗翅学会編（2002）『日本産蝶類県別レッドデータ・リスト』（日本鱗翅学会）

日本自然保護協会編（2005）『生態学からみた里やまの自然と保護』（講談社）

Rowe F P, Taylor E J (1964) The numbers of harvest-mice (*Micromys minutus*) in corn-ricks. *Proceedings of the Zoological Society of London* 142:181-185.

白石哲（1969）九州産カヤネズミの営巣習性．林業試験場研究報告220:1-10.

白石哲（1988）『カヤネズミの四季──カヤ原の空中建築家』（文研出版）

立花吉茂（1990）『植物屋のこぼれ話』（淡交社）

東京都環境保全局自然保護部（1998）『東京都の保護上重要な野生生物種（1998年版）』（東京都）

Trout R C (1978) A review of studies on populations of wild Harvest mice (*Micromys minutus* (Pallas)) *Mammal Review* 8(4):143-158.

全国カヤネズミ・ネットワーク（2003）『全国カヤマップ2002特別版〜カヤ原保全への提言』（全国カヤネズミ・ネットワーク）

全国カヤネズミ・ネットワーク（2006）『全国カヤマップ2005特別版〜カヤ原保全への提言 Part2』（全国カヤネズミ・ネットワーク）

写真・図表一覧

＊＊＊写真一覧

p. 3　オギの葉に乗るカヤネズミ（東京都あきる野市　2012年　辻淑子氏撮影）

p. 5　（上）オギ。成長すると2mを超える，大型のイネ科植物。秋になると，キツネの尾のようなふわっとした白い穂をつける。河川敷や休耕田のような，やや湿った環境に生える。
　　　（下）木津川の河川敷に広がるカヤ原。白く点々と見えるのがオギの穂。手前の茶色っぽい穂をつけた植物はヨシ。河川敷は，カヤネズミの代表的な生息環境だ（京都府八幡市　2004年）。

p. 8　（上）体の大きさは，人間の大人の親指サイズ（写真は筆者の手）。世界に約1000種いるネズミ科の中でも，最小クラスだ。性質はおとなしく，手に乗せても暴れたり噛んだりしない。
　　　（下）カヤネズミの尾は長く，尾率（尾長÷頭胴長）は1を超える。カヤネズミと大きさが近いハツカネズミの尾率は0.8〜0.9。

p. 10　（左上・下）カヤネズミの頭部と頭骨
　　　　（右上・下）カヤネズミの四肢と尾

p. 11　生後15日目のカヤネズミの子ども。尾をオギの葉にしっかりと巻き付けている（京都市　桂川河川敷　2004年）。

p. 12　オギに作られたカヤネズミの巣。周りの草にとけ込んで，うまくカムフラージュされている。巣がどこにあるか，わかるだろうか。

p. 14　（上段）左：編み目の粗い巣。右：編み目の密な巣。（中段）巣を開いた状態。左：葉を裂いて編んだ外層と，葉を細かく裂いた内層の二重構造になっている。右：チガヤの穂が敷かれた三重構造の巣。チガヤの穂の中に見える黒っぽい粒々はカヤネズミのフン。（下段）作りかけて放棄された巣。

p. 15　出入り口が2つある巣。反対側に開いた巣穴から，向こう側の景色が見える。巣の中へ，葉が引き込まれているのがわかる。

p. 17　オギに作られたカヤネズミの巣（写真中央）

p. 19　いろいろな植物で作られたカヤネズミの巣
　　　（上段）左：ホソムギ。右：イネ。（中段）左：カサスゲ。右：ヒメムカシヨモ

ギにオギの葉と穂，エノコログサを巻き付けて作られた混合巣。（下段）左：越冬場所に使われたススキ（福井県敦賀市　中池見湿地　2002年）。右：ススキの株の中に埋もれるように作られた越冬巣（写真中央）。

p. 20　（左）オオヨシキリの巣。巣の上部がぱかっと開いたお椀型。（中央）ウグイスの巣。巣を支える植物（セイタカアワダチソウ）の上に乗った状態で，ころんと外れる。（右）セッカの巣。チガヤの葉にクモの巣を絡めて作られる。

p. 21　（上）オギの葉を伝って移動するカヤネズミ（京都市　桂川河川敷　2000年）（左）捕獲した個体の性別と繁殖状態をチェックする。無理に押さえつけるとショック死する危険性があるので，ガーゼの袋でそっとくるんで調べる。

p. 23　黄昏時，草丈 2 m を超すオギに作られた巣から，ひょいと顔を出した（大阪市　淀川河川敷　2000年）。

p. 24　セイバンモロコシの穂を食べる成体。後ろ足と尾で体を支え，前足で穂を挟んで食べている（京都市　桂川河川敷　2000年）。

p. 25　セイバンモロコシの食痕　セイバンモロコシ

p. 27　尾のグルーミングをする大人メス。巣から出たあと，しばらく巣の真下のオギの茎につかまってじっとしていたが，筆者が動かずにいると安心したのか，オギの葉を伝って移動し，少し離れたセイタカアワダチソウの葉の根元に腰を下ろして，地上約1.5 m の高さでグルーミングを始めた（京都市　桂川河川敷　2000年）。

p. 31　赤ちゃんをくわえて巣から出てきた母親。引っ越し先の巣へ，1 頭ずつ子どもを運び込む（京都府八幡市　2000年　河野久美子氏撮影）。

p. 32　筆者が草をかき分ける音に反応して，生後13～14日目くらいの子どもが外の様子をのぞきにきた。巣穴からピンクの鼻先が見える（京都府八幡市　木津川堤防　2000年）。

p. 34　日が暮れ，あとひとつ調べたら調査を終わりにしようと思いながら巣に近づくと，巣がガサガサッと揺れた。あっと思った瞬間，カヤネズミがぴょんと飛び出してきた（京都市　桂川河川敷　1999年）。巣から飛び出してフリーズしたあと，カメラのシャッター音を警戒したのか，筆者の正面に体を向け，1 m の距離でしばし見つめ合う形になった。本人（ネズミ？）は隠れているつもりらしいが，体が丸見え。驚かさないように静かに観察していると，5 分ほどして，ゆっくりと体の向きを変えて巣に戻っていった。

p. 35　巣穴から顔をのぞかせ，鼻をひくひくさせながら，しきりに外を警戒していた母親。生後 3 日目くらいの子どもが 4 頭いた。この 2 日前には，台風並みの風雨が吹き荒れた。調査地の大半の巣が吹き飛ばされた中，必死で子どもたちを守った（京都府八幡市　木津川堤防　1999年）。

p. 37　（左）アオダイショウがカヤネズミの赤ちゃんを飲み込む瞬間。ヘビの口元から，赤ちゃんのピンク色の体が見える（京都府八幡市　2000年　河野久美子氏撮影）。（右）生後17日目の子ども。生後 5 日目から，きょうだい 3 頭の成長

を観察していた。しかしこの夜，巣がヘビに襲われた。この日以来，子どもたちの姿は見ていない（京都府京田辺市　丘陵地　1998年）．
- p. 40　巣から落ちて鳴いていた，生後9日目くらいのカヤネズミの子ども（京都市　桂川河川敷　2002年）
- p. 44　カヤネズミの巣の状態の変化　（左）できたての巣　（右）巣を支え葉が切れて，落ちかけている古い巣
- p. 46　（上）洪水が引いたあとの生息地．水の勢いで植生がなぎ倒され，泥に埋もれている（京都市　桂川河川敷　2004年）．（下）洪水で，巣に泥水が入り込んで溺死したカヤネズミの子ども．生後5日目くらいの5頭のきょうだいが，泥まみれで体を寄せ合うように死んでいた．
- p. 49　夏毛の子ども（京都府八幡市　2004年8月19日　澤邊久美子氏撮影）　冬毛の子ども（岡山県岡山市　2002年10月20日　山田勝氏撮影）．2001年12月19日，埼玉県所沢市の狭山丘陵の湿地で捕獲された冬毛の大人メス．捕獲場所は開発工事で失われてしまうため，翌朝，工事区画の外に逃がした．
- p. 51　冬毛から夏毛に換毛中のコロリン．両目の外側と内側の色の違いで，冬毛と夏毛の境界がはっきりわかる．（1999年6月24日撮影）
- p. 53　麦の穂につかまるカヤネズミの置物（イギリス製）．手前の花はムギセンノウ（麦仙翁，英名 corn cockle）．ヨーロッパでは，麦畑に生える雑草として知られる．
- p. 55　茅刈りの風景．当地で使われる茅は「ノガリヤス」というイネ科の多年草．山の急斜面に作られた茅場で鎌を振るって刈り取り，束ねて下に下ろす作業は重労働だ（富山県南砺市五箇山　2011年）．
- p. 56　（上）淀川に春をつげる「鵜殿のヨシ原焼き」（大阪府高槻市鵜殿　2002年）．（下）火入れの準備は前の年から始まる．晩秋に，人の背丈の倍ほどに伸びたヨシを刈り取り，防火帯を作る（同上）．
- p. 57　火入れ後に見つかったカヤネズミの越冬巣．巣が作られていたススキは焼けてなくなっていた（大分県竹田市　久住高原　2008年）．巣を開いたところ．内部は焼けておらず，きれいな状態．
- p. 59　（上）地面から一斉に伸び出すオギの新芽（京都府八幡市　木津川河川敷　2010年　佐藤清悟氏撮影）　（下）調査中の筆者（京都府八幡市　木津川堤防　2010年　佐藤清悟氏撮影）
- p. 60　（上）オギのあいだで盛んに鳴くオオヨシキリ（京都市　桂川河川敷　2013年　佐藤清吾氏撮影）　（下）火入れ後に再生したヨシ原でカヤネズミの巣を見つけた（大阪府高槻市　淀川河川敷　2004年）．
- p. 61　茅葺きの集落と茅場（京都府南丹市美山町　2010年）　茅場のススキに作られたカヤネズミの巣
- p. 62　カヤ刈りで収穫されたヨシ束（京都市　宇治川河川敷　2008年）
- p. 63　ヨシ束の周りで遊ぶ子どもたち（京都市　宇治川河川敷　2008年）

p. 64　イネに作られたカヤネズミの巣（写真中央）
p. 65　カヤネズミの巣を探す，全国カヤネズミ・ネットワークのメンバー。この田んぼでは，3個の巣が見つかった（奈良県生駒市　2009年）。
p. 68　「はざかけ」に掛けられたイネ（黒米）（茨城県土浦市　2005年）
p. 69　ヒエ。イネ科の一年生植物で，代表的な水田の雑草として知られる。穂が出る前はイネと姿形が非常によく似ていて，イネに紛れて成長する。
p. 70　「球巣お供え」の風習があったという，新潟県旧黒川村（2000年）
p. 73　滋賀県レッドデータブックのカヤネズミ調査で訪れた日野川。両岸の河川敷の草地は消失し，土手はコンクリートで固められていた（滋賀県近江八幡市　日野川河川敷　1999年）。
p. 74　（上）春に川沿いを黄色く染めるセイヨウカラシナは，もともと人の手で蒔かれたタネが育ち，自然に広がったものだ。遠目に見るときれいだが，実際には草丈2m以上のおばけ植物に育ち，他の植物を圧倒する（京都市　桂川河川敷　2000年）。（下）オギに巻き付いたクズ（京都市　桂川河川敷　2005年）。
p. 75　（上）桂川の調査地の1画。手前にはエノコログサ，奥にはオギがまとまって生えている（京都市　桂川河川敷　2000年）。（下）8年後（2008年）。すっかりクズに覆われてしまった。
p. 76　地面を覆ったクズを刈り取る筆者（京都市　桂川河川敷　2005年）
p. 78　初めてカヤネズミを見つけた休耕田。白いチガヤ群落の脇で手を挙げている人物は筆者（京都府京田辺市　1998年）。
p. 81　（上）草刈り機で丸坊主にされたカヤネズミの生息地（京都府八幡市　木津川堤防　1999年）（下左）堤防の草刈り作業に使われる除草機械。車体の下に草を巻き込みながら，広い面積を一気に刈り取っていく。（下右）刈り倒された草の上に転がっていた，肝っ玉かあさんの巣
p. 83　3番目の調査地。その後長く調査を行い，筆者のメインフィールドになった（京都市　桂川河川敷　1999年）。
p. 86　『全国カヤマップ2002特別版』（上）と『全国カヤマップ2005特別版』（下）。調査結果のほか，調査や保護に役立つ情報を収録している。
p. 87　全国カヤネズミ・ネットワークのロゴマーク。
p. 89　営巣報告入力フォーム。
p. 90　営巣植物Web図鑑。
　　　富山県で実施した合同調査のメンバー。
p. 92　団子状になって寄り添う7頭のきょうだい。保護されたときは生後8日目くらいだった（2001年10月15日撮影）。保護7日目。離乳食を食べている。
p. 95　（上）カヤネズミの生息に配慮した刈り方の例。まず堤防の下半分を刈り，刈られた部分の草丈がある程度回復してから，上半分を刈る（京都府八幡市　木津川堤防　2005年）。（下左）繁殖期を避けた，春の刈り取り直後の草丈（下右）巣作り開始時期の草丈

＊＊＊図表一覧

表1-1．日本に生息するネズミ科の種の一覧 …… p.6
図1-1．巣穴間の角度 …… p.16
図1-2．巣に使われた植物の種類の季節変化 …… p.18
図2-1．子どもの巣を中心とした，夜間の母子の活動時間の変化 …… p.29
図2-2．巣の寿命と崩壊の原因 …… p.42
図2-3．洪水による巣の崩壊と再生（洪水前と洪水後の比較） …… p.43
図2-4．営巣植物の種類と巣高の季節変化 …… p.47
図3-1．稲作のスケジュールとカヤネズミの確認期間 …… p.67
図4-1．都道府県版のレッドデータブック（RDB）でのカヤネズミの掲載状況
…… p.71
図4-2．「全国カヤマップ」トップページ …… p.85
図4-3．全国カヤマップ京都府のページ …… p.86

著者紹介

畠　佐代子（はた　さよこ）

所属：全国カヤネズミ・ネットワーク代表，東京大学空間情報科学研究センター客員研究員，滋賀県立大学非常勤講師（環境動物学），同大学客員研究員。博士（環境科学）。

研究・業績等：琵琶湖・淀川水系をメインフィールドとしてカヤネズミの生態を研究する傍ら，市民活動ベースでの全国的なカヤネズミの生息地保全にも取り組む。著書に『外来種ハンドブック』（共著，地人書館，2002），『生態学からみた里やまの自然と保護』（KS地球環境科学専門書）（共著，講談社，2005），『野生動物保護の事典』（共著，朝倉書店，2010）。

カヤネズミの本
――カヤネズミ博士のフィールドワーク報告――

2014年2月10日　第1刷発行　　　定価はカバーに表示しています

著　者　　畠　　佐代子
発行者　　髙　島　照　子

世界思想社

京都市左京区岩倉南桑原町56　〒606-0031
電話 075(721)6506
振替 01000-6-2908
http://www.sekaishisosha.co.jp/

© 2014　S. HATA　Printed in Japan　　（共同印刷工業・藤沢製本）
落丁・乱丁本はお取替えいたします

JCOPY　〈(社)出版者著作権管理機構 委託出版物〉
本書の無断複写は著作権法上での例外を除き禁じられています。複写される場合は，そのつど事前に，(社)出版者著作権管理機構（電話 03-3513-6969，FAX 03-3513-6979, e-mail: info@jcopy.or.jp）の許諾を得てください。

ISBN978-4-7907-1613-6